彩图1　自色宝石的特征颜色

彩图2　染色宝石的颜色分布特征

彩图3　金属光泽

彩图4　半金属光泽

彩图5　金刚光泽

U0376677

彩图6　玻璃光泽

彩图7　油脂光泽

彩图8　树脂光泽

彩图9　蜡状光泽

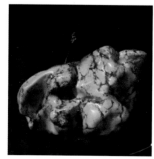
彩图10　土状光泽

彩图11　丝绢光泽

彩图12　珍珠光泽

彩图13　不同透明度的翡翠，其质地也有较大差异

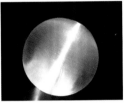

彩图14　各种猫眼效应的宝石

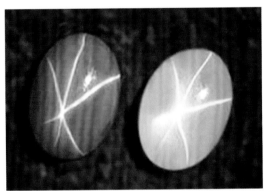

彩图15　天然星光刚玉宝石　　　　彩图16　合成星光刚玉宝石

彩图17　具有月光效应的月光石　　　彩图18　欧泊的变彩效应

彩图19　变石　　　　彩图20　具砂金效应的日光石　　　　彩图21　具砂金效应的玻璃

彩图22　钻石的"火彩"　　　　　　彩图23　强火彩

钻石的晶体包裹体　　　钻石的生长纹　　　合成碳硅石的刻面重影和针状包裹体

彩图24　天然钻石与钻石仿制品包裹体的差别

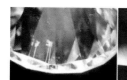

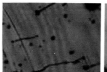

彩图25　激光钻孔钻石的特征　　　彩图26　焰熔法合成红宝石的弯曲生
　　　　　　　　　　　　　　　　　　　　　　长纹和气泡

彩图27 普拉托效应

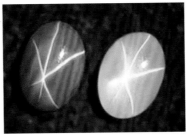

彩图28 合成星光红宝石和蓝宝石

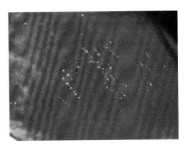

彩图29 提拉法合成红宝包体

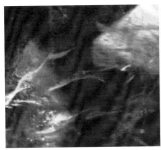

彩图30 面纱状愈合裂隙

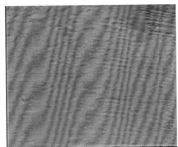

彩图31 水波纹状生长带

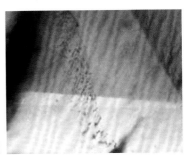

彩图32 愈合裂隙和水波纹

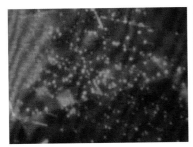

彩图33 红宝石中被熔断的金红石针

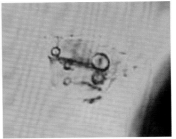

彩图34 熔蚀的晶体包体

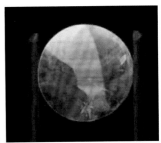

彩图35 白垩色荧光

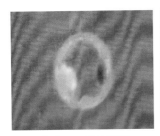

彩图36 穗边裂隙

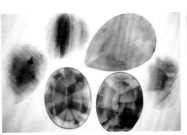

彩图37 天然和扩散处理

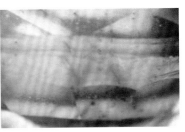

彩图38 深色裂隙

彩图39 充填处理红宝石的表
面光泽差异

彩图40 玻璃充填红宝中
的蓝色闪光

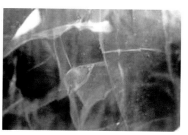

彩图41 网格状交叉分布
的弧形裂隙

彩图42 拼合石

彩图43 助熔剂合成
祖母绿晶体

彩图44 水热法合成祖母绿

彩图45 面纱状愈合裂隙

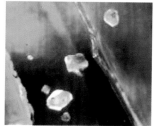

彩图46 硅铍石晶体

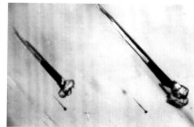

彩图47 钉状包裹体

彩图48 箭头状纹理

彩图49 注塑的裂隙闪光效应

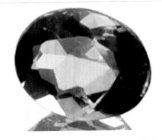

彩图50　碧玺的颜色品种

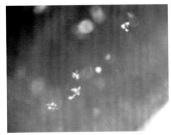

彩图51　平行管状包体　　　　彩图52　面包渣包体　　　　彩图53　双色的紫黄晶

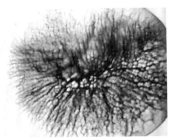

彩图54　染色水晶　　　　彩图55　日光石　　　　彩图56　天河石

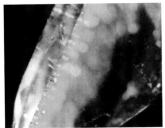

彩图57　石榴石拼合石　　　彩图58　尖晶石中的八面体　　彩图59　栅格状斑纹状异常消光图
　　　　　　　　　　　　　　　　尖晶石包裹体

彩图60　合成尖晶石中的气泡　彩图61　橙褐色至黑色助熔剂残余　彩图62　辐照处理的蓝色托帕石

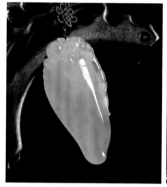 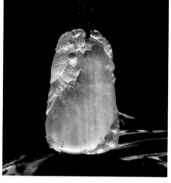 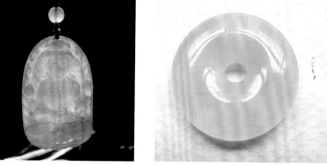

彩图63　原生色翡翠

彩图65　天然翡翠的玻璃光泽

  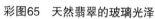

彩图64　次生色翡翠

彩图66　漂白充填处理翡翠
的蜡状光泽

 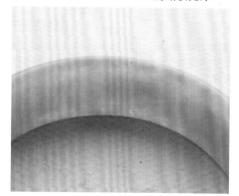

彩图67　天然翡翠结构紧致细腻

彩图68　漂泊充填翡翠结构疏松

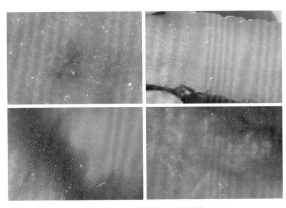

彩图69 翡翠的"翠性"　　　　　　　　彩图70 漂白充填翡翠的荧光

彩图71 热处理翡翠

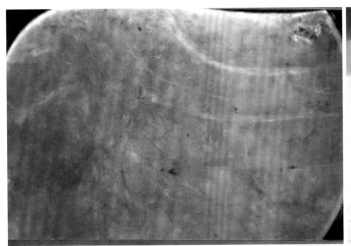
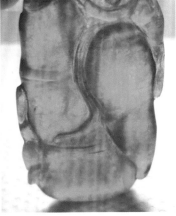

彩图72 染色翡翠的丝网结构

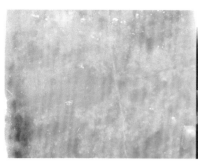 

彩图73　漂白充填翡翠矿物颗粒界线模糊

彩图74　漂白充填翡翠
底整体变白

彩图75　蜡状光泽

彩图76　异常颜色的"荧光"

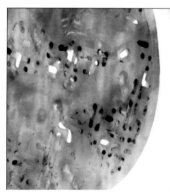 

彩图77　漂白充填翡翠颜色边界变得模糊不清

彩图78　天然翡翠的颜色边界清晰

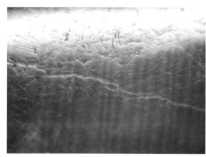 

彩图79　漂白充填处理翡翠的充胶裂隙及示意图

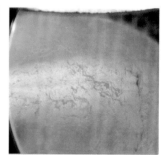

彩图80　裂隙光泽变暗

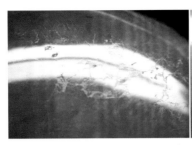
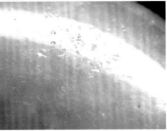

彩图81　漂白充填处理翡翠的充胶凹

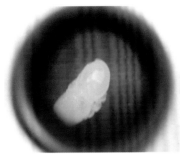
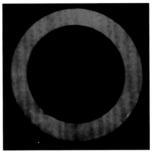

彩图82　漂白充填处理翡翠紫外荧光发光特性

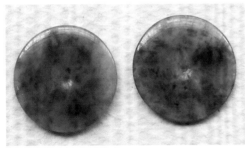

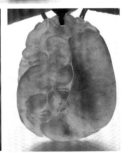

彩图83　漂白充填、染色处理翡翠

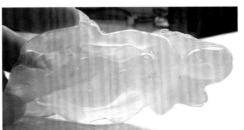

彩图84　钠长石玉

彩图85　石英岩玉手镯

彩图86　染色石英岩其丝网状颜色分布明显

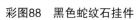

彩图87　蛇纹石手镯　　　　　　　　彩图88　黑色蛇纹石挂件

彩图89　软　玉

彩图90　绿色水钙铝榴石

彩图91　黄色水钙铝榴石

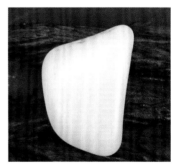

彩图92　葡萄石　　　　　彩图93　玻　璃　　　　　彩图94　单色软玉

彩图95　复合色软玉　　　彩图96　糖玉的颜色分布　　彩图97　软玉的典型油脂光泽

彩图98　软玉的雕工复杂，线条流畅

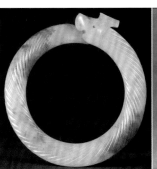

彩图99　"做旧"处理

彩图100　石英岩原石

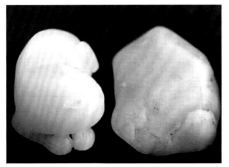

彩图101　石英岩雕件

彩图102　白色、黑色、俏色阿富汗玉

彩图103　岫玉图

彩图104　玻璃仿俄罗斯碧玉

彩图105　玻璃仿白玉

   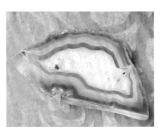

彩图106　绿玉髓戒面　彩图107　玉髓原石　彩图108　玛瑙的　　彩图109　玛瑙原石
　　　　　　　　　　　　　　　　　　　　　条带状构造

彩图110　各色东陵石手链　　彩图111　绿色东陵　　彩图112　石英岩玉戒面，
　　　　　　　　　　　　　　　　　石的砂金效应　　　　　　　颗粒感明显

彩图113　石英岩玉手镯，结　彩图114　木变石的纤维状构造　彩图115　木变石的丝绢状光泽
构细腻者外形和翡翠极为相
似但是手感较轻

彩图116　热处理玛瑙　彩图117　热处理虎睛石　　　彩图118　染色石英岩

彩图119　欧泊的变彩效应

彩图120　欧泊原石

彩图121　拼合欧泊

彩图122　拉长石的晕彩效应

彩图123　彩斑菊石

彩图124　柱状色斑

彩图125　蜂窝状结构

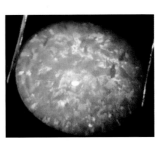

彩图126　焰火状构造

彩图127　萤石原石

彩图128　萤石摆件

彩图129　钠长石玉手镯

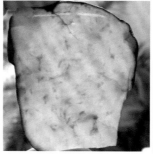

彩图130　钠长石原石

彩图131　钠长石玉的结构

彩图132　蛇纹石摆件

彩图133　蛇纹石原石

彩图135　仿古处理的蛇纹石玉

彩图134　染色蛇纹石玉

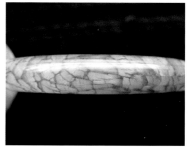

彩图136 独山玉摆件颜色丰富

彩图137 独山玉原石

彩图138 绿松石

彩图139 绿松石原石

彩图140 注塑处理绿松石

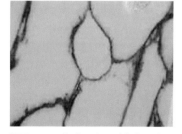

彩图141 合成绿松石铁线无内凹

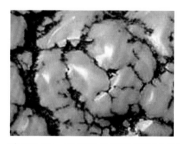

彩图142 天然绿松石铁线有内凹

彩图143 孔雀石的纹层
状颜色构造

彩图144 孔雀石原石

彩图145 合成孔雀石

彩图146　塑料仿绿松石

彩图147　青金石特征的颜色
组合

彩图148　青金石矿石

彩图149　染色青金石

彩图150　菱锰矿特征颜色

彩图151　波纹状的白色物质

彩图152　菱锰矿挂件

彩图153　蔷薇辉石挂件

彩图154　葡萄石吊坠

彩图155　葡萄石原石

彩图156　葡萄石特征的
放射状结构

彩图157　黑耀岩手链

彩图158　珍珠及其特征的珍珠光泽

彩图159　硅化木的原石

彩图160　硅化木成品也可见原生态的一些特征

彩图161　琥珀的特征包体和内含物

彩图162　经热处理的琥珀

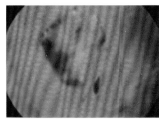

彩图163　压制琥珀中未熔
颗粒

彩图164　压制琥珀内部血
丝状物分布

彩图165　压制琥珀中颗粒的边界
附近存在大量细小气泡

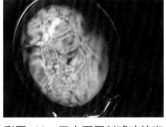

彩图166　正交下压制琥珀的斑
块状彩色干涉条纹

彩图167　紫外荧光下压制
琥珀颗粒状荧光

彩图168　象牙的颜色

彩图169　象牙特征的勒兹纹

彩图170　植物象牙

彩图171　玳瑁制品

彩图172　玳瑁典型的结构

珠宝专业

高职高专教材

ZHUBAO ZHUANYE GAOZHI GAOZHUAN JIAOCAI

BAOYUSHI JIANDING YU JIANCE JISHU

宝玉石鉴定与检测技术

主　　编　汤　俊

主　　审　肖永福

副 主 编　向永红　李　贺

执行编辑　缪熙妍　田永杰

云南出版集团公司

云南科技出版社

·昆明·

图书在版编目（CIP）数据

宝玉石鉴定与检测技术 / 云南省珠宝研究院主编
. -- 昆明：云南科技出版社，2012.3（2021.1重印）
高职高专教材
ISBN 978-7-5416-5817-4

Ⅰ.①宝… Ⅱ.①云… Ⅲ.①宝石—鉴定—高等职业
教育x教材②玉石—鉴定—高等职业教育—教材 Ⅳ.
①TS933

中国版本图书馆CIP数据核字（2012）第051136号

责任编辑：唐坤红
　　　　　李凌雁
封面设计：晓　晴
责任校对：叶水金
责任印刷：翟　苑
特约编辑：洪丽春

云南出版集团公司
云南科技出版社出版发行
（昆明市环城西路609号云南新闻出版大楼　邮政编码：650034）
昆明高湖印务有限公司　全国新华书店经销
开本：787mm×1092mm　1/16　印张：12.75　字数：300千字
2012年11月第1版　　2021年1月第4次印刷
定价：58.00元

云南省珠宝高职高专专业教材
编 委 会

专家委员会：（以姓氏笔画为序）

邓 昆　刘 涛　肖永福　李贞昆　吴云海　吴锡贵

张化忠　张代明　张竹邦　张位及　张家志　杨德立

施加辛　胡鹤麟　戴铸明

执行主编：张代明

编委会主任：袁文武　范德华

主任委员：（以姓氏笔画为序）

刘建平　朱维华　李泽华　张健雄

参编人员：（以姓氏笔画为序）

王娟鹃　吕 静　张一兵　余少波　祁建明　祖恩东

黄绍勇

序

　　云南科技出版社牵头组织了云南省珠宝玉石界的专家学者，与云南省大中专院校珠宝专业的教师们一起，结合云南珠宝产业，计划编写一套适合大中专珠宝职业教育的系列教材，有三十多本，包括了珠宝鉴定、首饰设计、首饰制作、珠宝首饰营销、玉雕工艺等各个方面。

　　云南是我国珠宝资源相对丰富的地域，发现有红宝石、祖母绿、碧玺、海蓝宝石、黄龙玉等宝石矿产，又毗邻缅甸接近世界最大的翡翠、红宝石的矿产资源，不可不谓之得天独厚。改革开放以来，云南也成为我国珠宝产业高速发展的省份。近年云南省又提出发展石产业，把以宝玉石、观赏石、建筑石材料为主的石产业打造成继烟草、旅游、生物等产业之后的又一支柱产业和优势特色产业。

　　产业的发展需要大量的人才，尤其珠宝产业的各个领域和层次都需要懂得珠宝知识、具有珠宝文化、掌握专业技术的专业人才，目前，我国的珠宝行业还比较缺乏这样的人才。这套教材的编写出版，为云南培养适用性珠宝专业人才提供了必要的条件，才能缩小在这方面与国内外的差距。

　　由于经常到云南作学术交流、教学和科研合作，与云南大专院校的教师接触多，与云南的珠宝企业也接触较多，再加自己也长期从事珠宝专业教学，了解珠宝产业对适用型人才的渴求，故对这套教材的出版也抱有很大期望，期望这套教材图文并茂、易学易懂、针对性好、适用性强，成为培养珠宝鉴定营销师、首饰设计加工工艺师、玉雕工艺师等专业人才的系统教材，达到适应云南珠宝产业发展的初衷。

　　在这样一个历史的大背景下，看到这套教材的出版，作为一个从事珠宝教育与研究的工作者甚感欣慰。

中国地质大学（武汉）珠宝学院前院长
博士研究生导师

前　言

　　珠宝玉石产业是云南的传统产业，近年来，随着云南省政府的大力支持，珠宝玉石产业有了更进一步的发展，在此基础上，为了适应云南省珠宝业形势发展的要求，满足我省珠宝玉石各类专业技术人员的培训需要，云南省科技出版社组织了云南省珠宝玉石界的众多专家学者成立了编委会，开始了大中专珠宝职业教育系列教材的编写工作。

　　编者有幸承担了《宝玉石鉴定与检测技术》的编写工作，在编写过程中，编者认真总结了数年来宝石鉴定、科研、教学等方面的工作经验，对宝玉石鉴定与检测技术的发展进行了深入分析与探讨，系统论述了宝玉石学鉴定技术与方法，希望读者能从本书中掌握宝玉石的常规鉴定方法，提高鉴定、科研水平。

　　全书共分为六章。前三章详细介绍了宝玉石鉴定的基础以及鉴定中所采用的常规仪器与大型仪器。后三章详细论述了常见宝石、常见玉石、有机宝石的检测技术手段。并根据行业需要，配备了《宝石肉眼鉴定技术》，使读者能够在掌握宝玉石鉴定理论的基础上，提高自身的综合鉴定能力。

　　全书结构合理，层次分明，内容充实，图文并茂，内容汇集了多年来国际珠宝界在鉴定检测领域中的最新技术，同时纳入了云南省珠宝玉石质量监督检验研究院一些最新、最前沿的鉴定检验成果。本书可作为大、中专院校、职业培训用教材，同时也可作为珠宝鉴定人员和珠宝爱好者学习珠宝的参考书和工具书。

　　本书由云南省科技出版社组织编写，由云南省珠宝玉石质量监督检验研究院职教培训中心主任汤俊担任主编工作，同时成立教材编写委员会，由云南省珠宝玉石质量监督检验研究院向永红、李贺担任副主编，缪熙妍、田永杰担任执行编辑，编写期间多次征求云南省各界珠宝专家学者对全书框架结构和内容进行了详细的讨论和研究，以确保全书的实用性。

　　本书编写过程中，得到了云南省教育界、商业界以及学术界的诸多珠宝专家学者的宝贵建议以及大力支持，在此表示衷心的感谢！同时，在编写过程中得到了云南省珠宝玉石质量监督检验研究院全体职工的关心，支持和帮助，在此也一一表示诚挚的感谢。

编　者

目　录

第一章　绪　论 ……………………………………………………（1）

　　第一节　宝玉石鉴定的基本概念及发展历史 ……………………（1）

　　第二节　宝玉石鉴定的意义及价值 ………………………………（2）

　　第三节　宝玉石鉴定的方法及分类 ………………………………（4）

第二章　宝石肉眼鉴定技术 …………………………………………（6）

　　第一节　颜　色 ……………………………………………………（6）

　　第二节　光　泽 ……………………………………………………（8）

　　第三节　透明度 ……………………………………………………（9）

　　第四节　特殊光学效应 ……………………………………………（10）

　　第五节　火彩和色散 ………………………………………………（14）

　　第六节　解理和断口 ………………………………………………（15）

第三章　宝玉石常规检测仪器 ………………………………………（16）

　　第一节　镊子和放大镜 ……………………………………………（16）

　　第二节　显微镜 ……………………………………………………（18）

　　第三节　折射仪 ……………………………………………………（22）

　　第四节　偏光仪 ……………………………………………………（30）

　　第五节　分光镜和二色镜 …………………………………………（34）

　　第六节　紫外荧光仪和查尔斯滤色镜 ……………………………（42）

　　第七节　相对密度测定 ……………………………………………（46）

　　第八节　热导仪及其他钻石检测仪器 ……………………………（51）

　　第九节　具破坏性的常规测试方法 ………………………………（55）

第四章　大型仪器在宝玉石鉴定中的应用 …………………………（57）

　　第一节　傅立叶变换红外光谱仪 …………………………………（57）

　　第二节　激光拉曼光谱仪 …………………………………………（61）

　　第三节　其他大型仪器 ……………………………………………（63）

第五章　市场常见宝石检测技术 ……………………………………（68）

　　第一节　钻　石 ……………………………………………………（68）

　　第二节　红宝石和蓝宝石 …………………………………………（73）

　　第三节　绿柱石族 …………………………………………………（83）

　　第四节　金绿宝石 …………………………………………………（89）

　　第五节　碧　玺 ……………………………………………………（91）

　　第六节　水　晶 ……………………………………………………（92）

第七节　长石族 ···（95）

第八节　石榴石族 ···（96）

第九节　尖晶石、托帕石、橄榄石和锆石 ···························（97）

第六章　市场常见宝玉石检测技术 ··（103）

第一节　翡　翠 ···（103）

第二节　软　玉 ···（119）

第三节　石英质玉 ···（124）

第四节　欧　泊 ···（129）

第五节　萤　石 ···（133）

第六节　钠长石玉 ···（134）

第七节　蛇纹石玉 ···（136）

第八节　独山玉 ···（139）

第九节　绿松石 ···（140）

第十节　孔雀石 ···（143）

第十一节　青金石 ···（146）

第十二节　菱锰矿 ···（148）

第十三节　葡萄石 ···（150）

第十四节　黑曜岩 ···（151）

第七章　有机宝石检测技术 ···（153）

第一节　珍　珠 ···（153）

第二节　硅化木 ···（158）

第三节　琥　珀 ···（159）

第四节　珊　瑚 ···（163）

第五节　象　牙 ···（165）

第六节　玳　瑁 ···（168）

附录一　宝石折射率表 ···（171）

附录二　宝石密度表 ··（173）

附录三　宝石摩氏硬度表 ··（174）

第一章 绪 论

第一节 宝玉石鉴定的基本概念及发展历史

一、宝玉石鉴定的基本概念

珠宝玉石鉴定是根据观察、测试到的珠宝玉石的各项特征，综合分析判断，对珠宝玉石进行定名的工作，有时需进行质量评价。鉴定过程中要特别注意天然与合成、优化处理以及易混淆珠宝玉石的鉴别。珠宝玉石鉴定是珠宝专业的一门重要专业课，是宝石学研究的核心内容之一，是从事珠宝行业各项工作必须具备的基本能力。

二、宝玉石鉴定的发展历史

宝玉石鉴定的发展与宝石学的发展息息相关，宝石学是一门交叉学科，是在 20 世纪初叶（1908 年）人工合成红宝石的问世，在市场上出现了真假难辨的合成红宝石的冲击下得以诞生，是矿物学与宝石商品经济学相结合的产物。宝石学作为一门独立的学科进行研究，最早起源于英国。1908 年英国首先创立了宝石协会，从事宝石理论和实践的研究。对宝石进行精确化学分析的方法，已有一百多年的历史。1912 年 X 射线首先揭示出晶体中的原子或离子排列成极规则的几何形态以后，矿物学、化学和宝石学才进入了一个采用先进技术的崭新时期。然而，在科学家们研究改进宝石鉴定方法的同时，在实验室里合成天然宝石已成为可能，这些合成宝石所具有的特性与天然宝石几乎完全相同。合成宝石的出现，使商业上迫切需要鉴别区分天然与合成宝石，由此出现了精确的宝石检验技术，用于鉴定宝石的各种仪器也得到了发展。宝石合成工艺的改善，使合成宝石的质量不断提高，品种不断增加，同时也促进了宝石鉴定技术的深入。

我国对宝石的开发利用已有 5000 年以上的历史了。但珠宝教育起步很晚，至 1991 年中国地质大学（武汉）珠宝学院在武汉成立，标志着我国珠宝教育进入一个新阶段。改革开放 20 年来，我国宝石学发展很快，合成红宝石和蓝宝石、合成立方氧化锆、人造钇铝榴石等人造宝石已大量投放市场，合成祖母绿、合成钻石也已获得成功，并开始投放市场。宝石鉴定、宝石优化和宝石加工技术都有了很大的提高。

随着鉴定技术的提高国家也颁布了相应的鉴定标准。中国珠宝玉石鉴定标准经历了三个阶段，是一个不断完善、不断创新、不断逐步与国际接轨的过程。早期执行的是

1993 年"中华人民共和国地质矿产部行业标准",珠宝玉石名称 DZ/T0044-1993,珠宝玉石鉴定 DZ/T0045-1993,钻石分级 DZ/T0046-1993。它首先打破了中国以前无珠宝玉石鉴定规范的历史。1997 年 7 月 1 日开始执行的新标准,珠宝玉石名称 GB/T16552-1996;珠宝玉石鉴定 GB/T16553-1996;钻石分级 GB/T16554-1996。此标准是在总结1993 年标准的基础上广泛征求意见,同时参照英、美、比利时、日本,中国香港的标准而制定。经过 6 年的实践和国际珠宝业的发展,以及与国际接轨的需求。2003 年 11月 1 日开始执行修订的,代替 1996 年的珠宝玉石国家标准:珠宝玉石名称 GB/T16552-2003;珠宝玉石鉴定 GB/T16553-2003;钻石分级 GB/T16554-2003。目前国家最新的珠宝玉石鉴定标准为 2011 年 2 月发布实施的:GB/T16552-2010《珠宝玉石 名称》、GB/T16553-2010《珠宝玉石 鉴定》、GB/T16554-2010《钻石分级》。

另一方面 1996 年中国第一批认定的珠宝玉石质量检验师 49 人于 1997 年 10 月 24日诞生,同时前后考试录取的珠宝玉石质量检验师 500 余人。珠宝玉石质量检验师实行注册制度,第一批注册是在 1998 年 11 月,标志着我国珠宝玉石鉴定检验走上了法制的轨道。

第二节　宝玉石鉴定的意义及价值

一、宝玉石鉴定在珠宝行业领域的意义及价值

宝玉石是一些可作为装饰用的矿物和物质,它是自然作用和人类劳动的共同产物。自然界形成宝石矿物,人类将其加工成形,增加其瑰丽,使之适合于作珠宝使用。宝石材料具有美丽、耐久和稀少三大主要特征。自古以来,宝石就为人类所重视和遐想,人们对宝石充满着迷信,并将宝石同财富、威望、地位和权力联系在一起。随着社会经济的发展,宝石和黄金的消费已成为衡量一个国家经济实力、文化发展水平的标志之一。随着科学技术的发展,人民生活水平不断提高,人类对宝石的需求也逐渐增加。现在,越来越多的人开始热衷于对珠宝的投资。选购者不仅为拥有一枚高档珠宝首饰而深感自豪,而且也看到了宝石保值和增值的效果。然而,同一物品对不同的人、时间和环境,会有不同的价值。同样的,一件珠宝首饰可有几种价值,珠宝玉石的主要价值取决于宝玉石本身。也就是说珠宝玉石的材质决定了其主要价值。因此,准确地鉴定出珠宝玉石的材质,对识别其真、假、优、劣,真实反映其商业价值有重要意义。

(一)宝玉石的真伪鉴定

在 20 世纪的后几十年中,世界范围的富裕对优质宝石产生了史无前例的需求,宝石产区矿源的逐渐枯竭和种种政治纠葛,又造成了宝石材料供应上的制约,从而大大地提高了宝石的价格。寻找新的宝石资源迫在眉睫。由于大多数宝石资源的不可再生性,天然宝石材料资源的有限性,世界宝石的产量越来越少,特别是优质高档的宝石越来越

稀缺，于是在实验室里合成天然宝石成为可能。这些合成宝石所具有的特性与天然宝石几乎完全相同，然而商品价值却相差甚远。例如，一粒同样瑰丽的红宝石，天然与合成品之间的价值相差可达 1 万倍。合成宝石的出现，使商业上迫切需要鉴别区分天然与合成宝石。

人工技术不仅制造出了各种非常理想的合成宝石，甚至创造出了自然界中不存在的各种新材料，像钇铝榴石、立方氧化锆等成为一些天然宝石的理想仿制品。人工宝石材料能够大批量生产，且价格低廉，故成为宝石完美的替代品，宝石赝品主要在材料方面作假，以伪劣材料冒充真品，以跻身于高档珠宝之列。随着科技进步，人工宝石的特性也越来越接近天然品种，在市场上也占有一定的份额。而其价值同合成品一样与天然宝石相差甚远。

在人们的观念中，宝石是完全天然产出的矿物、岩石或者生物的产物，除了切磨加工以外未经任何其他的加工。由于材料科学和技术的发展，还出现了可以改变天然宝石的外观，即所谓的优化处理宝石。

宝石的真伪鉴定，就是要确定所检验的样品是否为天然宝石，是否为合成宝石或者人工宝石，是否经过了除切磨抛光以外的加工，如染色、加热改色、辐照改色等优化处理。这对真实反映宝石的价值起到了重要意义。

（二）宝玉石的产地鉴定

珠宝中名贵的宝石种类，如祖母绿、红宝石等，只有为数不多的矿床，尤其是历史上就一直出产宝石的矿山，在社会文化中成为这种宝石的象征，犹如商品的品牌。比如哥伦比亚，历史上几乎是祖母绿的唯一产出国，所以随着其他祖母绿产地的出现，哥伦比亚祖母绿的身价更显突出，需要对祖母绿的产地进行鉴定。

宝石的产地鉴定比真伪鉴定更为困难，只能局限在少数几种宝玉石上，如红宝石、蓝宝石、祖母绿、变石和软玉中的白玉等。方法上可根据宝石中的矿物包裹体的种类和组合、宝石生长带（色带）特征、化学成分、物理性质等特征进行综合判断。

（三）宝玉石的品质鉴定

宝玉石品种繁多，不仅是不同品种的宝石有价值上的差别，而且同一品种的宝石价值也存在巨大的差别。例如，同样大小的一块翡翠饰品，根据其颜色、种水的不同价值可能会相差到几万倍。天然矿物和岩石能否作为宝石的主要标志是外观的瑰丽程度和耐用性，体现了宝石的使用价值。另一个决定宝石商业价值的因素是稀有性。宝石的商品价值也是这三个要素的总合，宝石的品质鉴定也必须以三要素为基础。

在所有的宝石品种中，目前只有钻石具有较为科学和严格的分级标准和方法，即所谓的 4C 分级体系。钻石首饰占珠宝首饰市场零售额的 80%，具有系统的、全球一致的分级标准是钻石占据市场的一个重要因素。

二、宝玉石鉴定在宝石学领域的意义及价值

宝石学是研究宝石、宝石材料及加工的科学。当前，国际宝石学研究的重点是：天然宝石矿床的勘探和开采；天然宝石的改色和处理；人造宝石的工艺技术；宝石的真伪鉴定、宝石饰品款式的设计和加工等。宝石鉴定是其核心研究内容之一，是宝石加工、宝石评价、宝石实验室技术、宝石勘探开采及宝石经营等内容的基础。

随着科技的发展与进步，越来越多的合成、人工、处理宝石进入珠宝市场。此类赝品宝石的质量不断提高，品种不断增加，由此促进了宝石鉴定技术的深入，出现了精确的宝石检验技术，用于鉴定宝石的各种仪器也得到了发展。对于天然宝石的改色、稳定化处理等宝石优化技术已成为宝石学界研究的热门课题。研究和鉴定新的经过改进的宝石，使宝石学具有远大的发展前景和更大的魅力。

第三节　宝玉石鉴定的方法及分类

宝玉石鉴定需要对宝石的特性除了用肉眼认真观察外，还需进行各种测试。由于宝石所具有的特殊性质，这些测试方法要满足以下 4 个要求：

1. 准　确

测试必须有准确的测量结果，并能够指导正确的结论；

2. 快　捷

无论在实验室或是其他场合，都能够迅速完成所需的测试；

3. 无　损

测试不能对于宝石的使用性能造成任何的损害；

4. 方　便

宝石测试仪器最好还能满足便于携带、使用条件简单的要求。

基于上述 4 个要求，宝玉石鉴定方法主要分为以下几类：

一、宝玉石肉眼鉴定

肉眼鉴定又称经验鉴定或总体观察，是根据检验人员的专业经验通过观察样品外观、颜色、光泽、透明度、特殊光学效应、色散、掂重等对样品做出初步判断，从而缩小样品品种范围，选择进一步测试方法的基础。也是确定样品品质、加工质量的检验方法。

二、宝玉石常规仪器鉴定

在宝石学诞生的初期，熟知矿物学测试方法的矿物学家根据宝石测试的要求，形成

了以测试宝石晶体光学性质和矿物学性质为主的方法，研制出折射仪、偏光镜、二色镜、分光镜、滤色镜、宝石显微镜、热导仪、紫外荧光灯等仪器。这些仪器能够解决宝玉石鉴定的大部分问题，成为现在宝玉石鉴定的常规手段。

三、宝玉石大型仪器鉴定

大型仪器也可称为研究型仪器。20 世纪后半叶以来，科学技术的突飞猛进给宝石材料的研究和制备提供了新技术，出现了各种新型的合成宝石、优化处理宝石，常规的测试方法很难找出这些宝石的鉴别特征。为此，宝石学引进了多种研究型的科学仪器，例如红外光谱仪、激光拉曼光谱仪、电子探针和扫描显微镜、X-衍射仪、X-荧光光谱仪等。这些仪器解决了诸如翡翠鉴定、合成红宝石鉴定、加热处理红宝石等的鉴定问题。

复习思考题

1. 宝玉石鉴定有何意义及价值？
2. 有哪些因素推动宝玉石鉴定测试技术发展？

第二章　宝石肉眼鉴定技术

宝石的肉眼鉴定是通过肉眼对宝石矿物的外部表面特征及内部包体特征进行观察、对比分析，从而得出鉴定结论或检验依据的方法。宝石肉眼鉴定是一种无损、快速的鉴定方法，通过对宝石的肉眼鉴定不仅能帮助我们鉴定宝石的种属，还能为确定宝石是否经过优化处理提供重要线索。虽然肉眼鉴定一般只能作为辅助鉴定方法，但是肉眼检测作为最直观最方便的鉴定方法，也是在宝石流通范围中最为广泛使用的手段，也是珠宝检测人员在检测过程中必不可少的检测步骤。宝石的肉眼鉴定可以从以下几个方面进行观察：

第一节　颜　色

宝石的颜色是由于宝石对不同波长的可见光进行选择性吸收的结果，这种选择性吸收常与宝石所含的化学成分有关。宝石颜色多是由 8 种致色离子所致，它们分别是铬、钒、钛、锰、铁、钴、镍、铜，均为元素周期表中的过渡元素。肉眼在可见光光谱中，可分辨的颜色可达 100 多种。对宝石颜色的观察主要是对宝石颜色色调的观察，很多自色宝石都具有特征的颜色色调，如橄榄石的橄榄绿，孔雀石的孔雀绿等，这些特征颜色对宝石种属的鉴定提供可靠依据。而他色宝石颜色色调大部分虽较为接近，但是通过对宝石颜色色调的观察可以缩小鉴定范围。另外对宝石颜色的分布情况进行观察，可以给鉴定宝石是否经过优化处理提供可靠依据，如染色和扩散处理的宝石，其颜色都集中于晶隙处或晶棱处，与天然宝石的颜色分布区别较大。

表 2-1　　　　　　　　　　常见致色元素及宝石对照表

致色元素	颜　　色	宝　　　石
铬	红色、绿色	绿色主要有，祖母绿、翡翠、翠榴石、变石、含铬的绿碧玺、铬透辉石等，红色主要是红宝石、红色尖晶石等
钒	绿色、蓝色	绿色由钒致色的主要是南非的祖母绿，蓝色主要是黝帘石
锰	粉色	芙蓉石、菱锰矿、蔷薇辉石、
钴	蓝色	合成蓝色尖晶石、蓝玻璃、合成蓝色水晶
镍	黄色、绿色、橙色	黄色如合成黄色蓝宝石，绿色如合成绿色蓝宝石和绿色玉髓，橙色有合成橙色蓝宝石

续 2-1 表

致色元素	颜　　色	宝　　石
铜	蓝色	如蓝铜矿、孔雀石、绿松石
铁	蓝色、绿色、黄色、红色	蓝色有蓝色蓝宝石、蓝色尖晶石、蓝色碧玺、海蓝宝石，绿色有硼铝镁石、软玉、橄榄石、绿色蓝宝石、绿色尖晶石、绿色碧玺，黄色有黄色蓝宝石、黄色尖晶石、黄色碧玺、金色绿柱石、金绿宝石，红色的镁铝榴石

图 2-1　自色宝石的特征颜色（彩图 1）

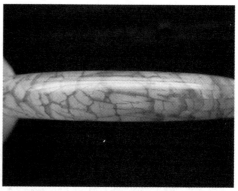

图 2-2　染色宝石的颜色分布（彩图 2）

第二节 光 泽

宝石的光泽是指宝石表面的反射光的能力。宝石的光泽是重要的肉眼鉴定依据，除了特定宝石的光泽外（油脂光泽、蜡状光泽、丝绢光泽等），一般来说宝石的折射率越大，光泽也越强，但是除了折射率外影响宝石光泽的因素还很多，其中宝石表面的抛光程度对宝石的光泽影响也非常大。在抛光良好的前提下，通过对宝石光泽的观察，可以对宝石的折射率确定个大致的范围，从而区分相似宝石和仿制品。

表 2-2 常见光泽对照表

光泽	特 征	宝石
金属光泽	表面如金属般光亮，不透明	黄铁矿
半金属光泽	表面弱金属般光亮，不透明	黑钨矿
金刚光泽	表面金刚石般光亮，透明至半透明	钻石等
玻璃光泽	表面玻璃般光亮，透明至半透明	水晶、红宝石、蓝宝石、翡翠等
油脂光泽	颜色较浅、表面有油腻感	软玉等
树脂光泽	颜色为黄至黄褐色，表面类似松香所呈现的光泽	琥珀等
蜡状光泽	表面比油脂光泽还暗淡些的光泽	叶蜡石等
土状光泽	多孔宝石对光的漫反射或散射而呈现的一种暗淡如土的光泽	质地差的绿松石等
丝绢光泽	宝石内部含有纤维状集合体时，表面呈现如丝织品那样的光泽	虎睛石、查罗石等
珍珠光泽	表面呈现一种柔和多彩的光泽	珍珠等

图 2-3 金属光泽（彩图 3）   图 2-4 半金属光泽（彩图 4）   图 2-5 金刚光泽（彩图 5）

图 2-6　玻璃光泽（彩图 6）

图 2-7　油脂光泽（彩图 7）

图 2-8　树脂光泽（彩图 8）

图 2-9　蜡状光泽（彩图 9）

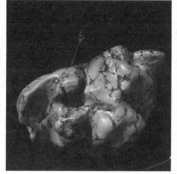
图 2-10　土状光泽（彩图 10）

图 2-11　丝绢光泽（彩图 11）

图 2-12　珍珠光泽（彩图 12）

第三节　透明度

透明度是指宝石透过可见光的能力。在肉眼鉴定过程中对宝石透明度的观察主要是对宝石质地的鉴别，一般除特殊光学效应的宝石外，同一种宝石，透明度越高就越珍贵。在宝石的肉眼鉴定中，可将宝石的透明度分为五个级别，分别为：

透明：可充分透过可见光，隔着宝石可清晰透视另一侧物体，如优质钻石、水晶等；

半透明：可较好地透过部分可见光，隔着宝石可透射另一侧物体，但不清晰，如电气石、月光石等；

亚透明：可较差地透过部分可见光，隔着宝石不能透视另一侧物体，如优质翡翠、软玉、岫玉、玉髓等；

半亚透明：只能透过很少可见光，或光线只能透过宝石薄片，如玛瑙、黑曜岩、天河石等；不透明：基本上不能透过可见光，即使磨成薄片也不透明，如青金石、孔雀石等。

图 2-13　不同透明度的翡翠，其质地也有较大差异（彩图 13）

第四节　特殊光学效应

宝石的特殊光学效应是光的折射、放射、干涉、衍射等作用引起的，大部分特殊光学效应只有少数宝石所具有，因此在肉眼鉴定过程中，通过对宝石特殊光学效应的观察，可以缩小未知宝石的鉴定范围。

一、猫眼效应

弧面宝石在光线照射下，在宝石表面呈现可以平行移动的丝绢状光带，象猫眼睛的虹膜，这种现象称为猫眼效应，如猫眼、碧玺猫眼、石英猫眼等。有猫眼效应的宝石较多，在进行肉眼鉴定时，主要对"眼线"及底色进行观察。

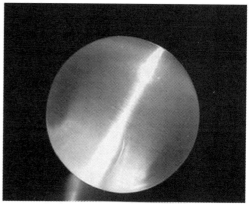

图 2-14　各种猫眼效应的宝石（彩图 14）

二、星光效应

弧面宝石在光线照射下，在宝石表面呈现相互交会的四射、六射或十二射星光状光带，好似夜空中的星光，这种现象称之为星光效应，如星光红宝石、星光蓝宝石等。市面上出现较多的仿制品是合成星光刚玉宝石，在肉眼鉴定过程中对星光宝石的鉴定主要是对其"星线"的观察，合成星光刚玉宝石的星线仅存在于宝石表面，星线较细，并且完整、清晰，而天然星光刚玉宝石则星线较粗，可有缺失和不完整。

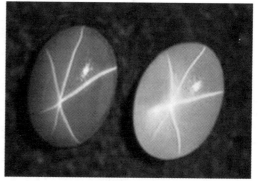

图 2-15　天然星光刚玉宝石（彩图 15）　　　图 2-16　合成星光刚玉宝石（彩图 16）

三、月光效应

月光石是钾、钠长石交替平行排列，互相垂直具格子状双晶的微斜长石。当双晶薄、厚度在 50～1000nm 时，入射光在微细双晶面上造成光的散射作用，无规律的反射光聚集在一起，造成朦胧状的蔚蓝色乳白晕色，如同月光，称为月光效应。月光石的月光效应肉眼鉴定的时候主要对其"浮光"的观察，可以同其他相似宝石区分开。

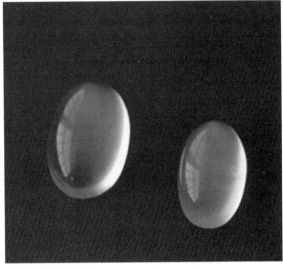

图 2-17 具有月光效应的月光石（彩图 17）

四、变彩效应

在同一宝石戒面上可以同时显示出多种光谱色的现象称变彩效应，如欧泊。欧泊的变彩效应的肉眼鉴定较难，主要用常规仪器和大型仪器进行检测。

图 2-18 欧泊的变彩效应（彩图 18）

五、变色效应

在日光下呈绿色，在白炽灯下呈紫色的现象称变色效应，如变石、变色蓝宝石、变色尖晶石等。区分不同变色效应的宝石的肉眼鉴定，主要通过在不同光线下宝石所产生的不同颜色来区分。

图 2-19　变　石（彩图 19）

六、砂金效应

透明宝石内部含有许多不透明的固态包体，如细小云母片、黄铁矿、赤铁矿和小金属片等，当观察宝石时，包体对光的反射作用呈现许多星点状反光点，宛若水中的砂金，称为砂金效应，如日光石。天然宝石中与日光石的砂金效应相似的主要有东陵石，但是通过肉眼对宝石内部较大矿物的观察可以区分开来。

图 2-20　具砂金效应的日光石（彩图 20）

图 2-21　具砂金效应的玻璃（彩图 21）

第五节　火彩和色散

刻面型宝石的色散作用使白光分解成形成五颜六色的闪烁光的现象，称为火彩，火彩好为色散值高的宝石的特征之一。色散，简单地说就是将七色光组成的白光分解成单色光的性质。这是由于同一宝石对不同的色光，折射率不同，因此当白色光斜射入宝石时，不同的色光因折射角不同而发生分离的现象。钻石的色散值为0.044，也是所有天然无色宝石中色散值最大的矿物，强的火彩为肉眼鉴定钻石的重要依据之一。

表2-3　　　　　　　　　　　常见宝石的色散值

宝石名称	色散值	宝石名称	色散值	宝石名称	色散值
水晶	0.013	橄榄石	0.020	钻石	0.044
绿柱石	0.014	尖晶石	0.020	人造钇镓榴石	0.045
黄玉	0.014	镁铝榴石	0.022	榍石	0.051
锂辉石	0.017	锰铝榴石	0.027	钙铁榴石	0.057
电气石	0.017	人造钇铝榴石	0.028	合成立方氧化锆	0.060
红、蓝宝石	0.018	锆石	0.038	人造钛酸锶	0.190

图2-22　钻石的"火彩"（彩图22）

第六节　解理和断口

　　肉眼观察宝石的解理和断口可作为宝石肉眼鉴定的一个辅助特征加以参考。特别是肉眼对宝石破损处断口及其光泽的观察，对鉴定某些宝石可提供可靠依据。如珊瑚的断口为无光泽、参差状断口；琥珀的断口为树脂光泽、贝壳状断口；玉髓、玛瑙的断口为树脂光泽、贝壳状断口；绿松石为暗淡油脂光泽、粒状或贝壳状断口；密玉、东陵石为粒状、参差状断口。解理对肉眼鉴定钻石意义重大，天然钻石腰围上的须状腰、"V"形缺口、天然面都是其仿制品所没有的。

第三章　宝玉石常规检测仪器

观察和鉴定宝石最主要靠人的肉眼，可是最敏锐的眼睛，也只能分辨出直径约0.1mm的物体，当物体更小时，人眼就比较难分辨。此外，宝石的很多性质，光靠肉眼也不可能直接观察到。

因此，为了能准确而又快速地鉴定各种各样的宝石，人们设计制造了许多宝玉石常规鉴定仪器。宝石常规鉴定仪器是在宝石学长期的实践中发展而成的一套以测试宝石晶体光学性质和矿物学性质为主的方法，具有使用方便快捷、测试结果准确、不损害样品、便于携带而且使用条件简单等优点，能够解决宝石鉴定的大部分问题，成为现代宝石学研究和鉴定必备的测试技术。

第一节　镊子和放大镜

一、宝石镊子

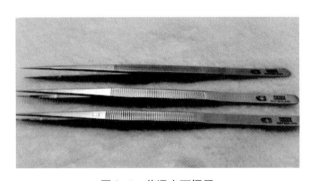
图 3-1　普通宝石镊子

图 3-2　带锁宝石镊子

在观察和鉴定宝石时，人们常用手直接拿宝石，这对于粒度较大的宝石原料是可以的，而对于颗粒很小、或已磨好的宝石成品，用手直接拿就很不方便。另外，保持宝石的清洁很重要，人的手指上有汗液、油垢，极易在宝石的光洁面上留下指纹污迹，妨碍观察，这时就需要使用镊子（如图 3-1 和图 3-2 所示）来夹取宝石。

镊子最好为不锈钢的，头部为尖锐状或半圆形，内侧有槽齿以避免宝石被夹住后滑脱。使用镊子的时候应用拇指和食指控制好镊子的开合，且需要用力均匀，如若过松则会使宝石掉落，但太过用力则宝石易"蹦"出弹飞。

二、放大镜

放大镜是用于观察宝石内、外部现象最简易而有效的工具。

放大镜和显微镜都是通过放大来观察宝石的内含物和表面特征，是区分天然宝石、合成宝石、优化处理宝石及仿制宝石的重要仪器。正确地使用放大镜也是宝石工作者所需要掌握的基本技能。

放大镜的放大倍数经常用"×"来表示，如 10 倍（10×）。

（一）10×放大镜的结构

优质的 10×放大镜，一般由 3 片或 3 片以上的透镜组合而成。例如三合镜——由两片凹凸透镜中央夹一片双凸透镜组成，不仅视域较宽，而且还能很好地消除色差和像（球）差（如图 3-3 所示）。

图 3-3 三合镜（即常用的 10×放大镜）

其中上文中提及的像差又称为球差，是放大视域范围边缘部分图像的畸变（如图 3-4 右图所示）。而色差则是视域边缘部分出现彩色干涉色的现象。

放大倍数越大的凸透镜，其视域边缘像差也越明显。因此，在购买或实验室配置宝石用观察检测仪器时，需要注意挑选球差和色差都较小的 10×放大镜为最佳。

挑选宝石用三合镜的最佳方法就是将其放于坐标纸上观察。判断标准如图 3-4 所示。

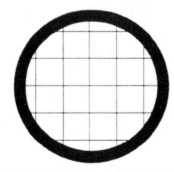
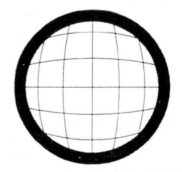

使用已校正的放大镜看到的图形　　　　使用未校正的放大镜看到的畸变图形

图 3-4 10×放大镜的球差

观察时视域中所有线条应该要平直、清晰，而且不能带有色边，视域中所有线条还应该同时保持准焦的状态。

（二）应　用

放大镜是最常用、最简便的宝石鉴定工具，其用途主要有：

1. 观察宝石的外部特征

（1）有关宝石性质的特征：如光泽、刻面棱的尖锐程度、表面平滑程度、原始晶面、蚀象、解理、断口和拼合的特征等。

（2）宝石加工质量的特征：划痕、破损、抛光、形状和对称性等。

2. 观察宝石内部特征

包括内含物的形态、数量、双晶面、生长纹、色带、拼合面等。

3. 钻石分级

主要用于钻石的简易鉴定和钻石 4C 分级。

（三）放大镜的使用方法

使用放大镜要掌握正确的姿势和方法，保持放大镜和宝石样品的稳定，使被观察的样品始终处于准焦的状态，同时需要充分、合适的照明，才能做到在最佳状态下观察宝石。

正确的方法是使放大镜尽量贴近眼睛，从近距离观察。错误的做法是将放大镜贴近宝石，从远处观察。为了避免放大镜晃动，应将握放大镜的手靠在脸上，拿宝石的手与其接触，两肘或前臂放松地靠在桌子上。

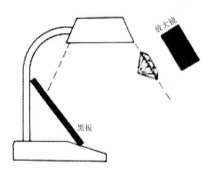

图 3-5　宝石的照明

观察宝石时，需要充分、合适的照明，要让光线只照射到样品上，不照射到放大镜上，尤其是不能照射到眼睛。观察时，宝石置于灯罩的边缘位置，灯罩下缘不高于双眼，不要让光线直接射到眼睛（如图 3-5 所示）。同时通过调整宝石和光源的位置及角度，在反射光下可观察宝石的外部特征。而使光线从背面入射时，则有利于观察宝石的内部特征。在使用放大镜时，要求双眼同时睁开，以避免眼睛疲劳。

第二节　显微镜

宝石显微镜（如图 3-6 所示）是宝石鉴定中最重要的仪器之一，其放大倍数更高，分辨能力更强，能够检测到 10 倍放大镜不能清晰确认或观测的宝石外部和内部特征，是区分天然宝石、合成宝石及仿制宝石的重要仪器。

用宝石显微镜观察宝石，要比用放大镜方便、清楚得多。首先，可以避免由于手持宝石而产生的抖动；其次，使用双目进行观察，可见到宝石立体的影像；最后，它的放大倍数范

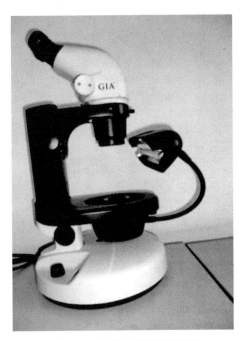

图 3-6　双目体视宝石显微镜

围很广，可由 2 倍至 200 倍，使操作人员能轻易地观察到各种宝石的内外部特征。

一、宝石显微镜的结构

宝石显微镜的结构如图 3-7 所示，主要由以下几部分组成：

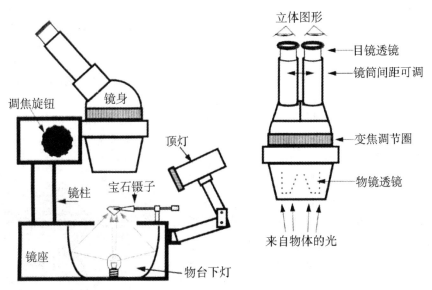

图 3-7　宝石显微镜结构示意图

---

1. 镜　身

（1）目镜：双筒，放大倍数一般有 10× 和 20× 两种；

（2）物镜：放大倍数一般为 0~4×，可调；

（3）变焦调节圈（旋钮）：连续调节物镜的放大倍数；

（4）调焦旋钮：调节物镜与被测宝石之间的工作距离，使被测局部清晰对焦。

2. 镜　柱

3. 镜　座

（1）顶光源（顶灯）：表面垂直照射光源，一般为日光灯，方向可调；

（2）底光源（底灯）：底部照射透射光源，一般为白炽灯，内置，方向不可调，光强可通过滑键调节强弱；

（3）锁光圈：控制底光源照射的光量大小；

（4）挡板：改变底光源的照明方式（亮域/暗域）；

（5）宝石镊子：夹持宝石用，可上下、左右、前后移动及自身旋转。

二、宝石显微镜的类型与照明方式

显微镜有许多种类型，如单筒立体显微镜、双筒显微镜、双筒变焦显微镜、双筒立体显微镜、双筒立体变焦显微镜等。目前多采用立式双筒立体连续变焦显微镜。镜下物像呈现三维立体图像，并可连续放大，通常为 10~60 倍。

使用显微镜观察宝石的效果，经常与人们观察时使用的照明方式有关。常用照明方式有如下 9 种：暗域、亮域、垂直、散射、点光源、水平、偏光、斜照和屏蔽照明法。而在观察宝石的时候一般使用前 5 种方法：

1. 暗域照明法（如图 3-8 所示）

光源的光不直接射向宝石，而是经半球状反射器的反射后再射向宝石，直射的光线用挡光板遮蔽，此时大多数光线不直接进入物镜，只有宝石中的包裹体产生的漫反射光进入物镜，于是宝石的内、外部特征在暗色背景上十分清晰，这是一种最为常用的照明方法，而且有利于长时间观察。

图 3-8　暗域照明法

2. 亮域照明法（如图 3-9 所示）

光源由宝石的底部直接照射。为避免过强的光线炫眼，要把光圈锁得较小，不让宝石以外的光线进入显微镜，或者把光源调暗。在明亮的环境下有利于观察内含物的细部特征，也是观察弯曲生长纹等反差小的内部特征的有效方法。

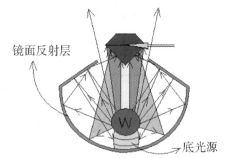

图 3-9　亮域照明法

3. **顶部（垂直）照明法**（如图 3-10 所示）

光源在宝石的上方，经宝石表面或者内部反射出的光线进入物镜，这种照明方式适于观察宝石表面及近表面特征。这种方法主要针对不透明或微透明宝石。标准的顶光源是白色的漫反射光，亮度不大，需要时也可以采用光纤灯等强光源来照明。

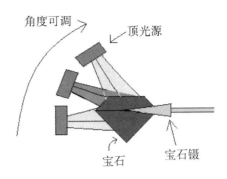

图 3-10　顶光源照明法

4. **散射照明法**（如图 3-11 所示）

底光源从宝石下方直接照射，在底光源上方放置一张面巾纸或其他半透明材料，使光线发生散射后成为柔和的光线，并形成一个近白色的背景。主要用以辅助观察宝石的色带、色环及一些特殊的颜色分布，例如观察表面扩散处理蓝宝石表面的蛛网状颜色分布。

5. **点光源照明法**（如图 3-12 所示）

底光源通过锁光圈调节缩小成点状，并直接从宝石下方垂直照射。主要用以观察宝石内部的局部特征及一些特殊结构。

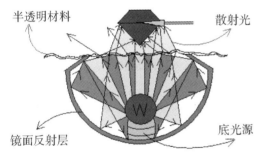

图 3-11　散射照明法

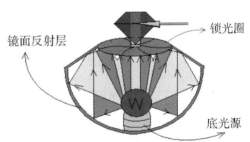

图 3-12　点光源照明法

三、宝石显微镜的操作步骤及注意事项

1. 宝石显微镜的操作步骤

（1）擦净目镜与待测宝石，并将宝石夹于宝石镊子上（宝石体积大时可手持进行观察）。

（2）插上电源，打开底光源，选择暗域照明，调节目距（方法：双手分别握住一只目镜移动，直至双眼清晰地看到一个完整的圆形视域，如图 3-13 所示）。

（3）调节焦距，使宝石清晰成像。先准焦于宝石表面，用顶灯照明法观察外部特征，换暗域或亮域照明法后聚焦于宝石内部观察内部特征。

（4）调节变焦调节圈（旋钮），从低倍物镜开始观察，找到目标观察对象时，进行局部高倍放大观察。

（5）观察完毕，取下宝石放好，降下或升高镜筒调平显微镜，关闭电源。

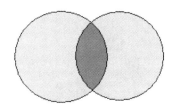 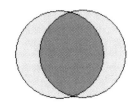 

图 3-13　目距的调节

2. 注意事项

步骤（3）和（4）在实验操作中是交替反复进行的。调节变焦调节圈（旋钮）时用双手进行调节。

四、宝石显微镜的用途

1. 放大观察宝玉石的内部和外部特征（主要用途）

外部特征：表面是否有凹坑、蚀象、生长丘、划痕、抛光痕、缺口、断口、解理及一些特殊结构等。

内部特征：各种相态的包裹体（固相、液相、气相、固-液两相、气-液两相、气-固两相、气-液-固三相）、愈合裂隙、生长纹、色带、后刻棱线重影等。

2. 显微照相

目镜上方可安装照相机，对典型的特征（如宝石内部的典型包裹体、色带等）进行放大拍照。

3. 观察吸收光谱

把目镜换成分光镜，选择底光源透射光进行观察，可观察到宝石的吸收光谱。

4. 测定宝石的多色性和光性特征

加偏光片可观察宝石的多色性和光性特征（轴性）——根据宝石在不同振动方向光波下呈现的颜色不同，当宝石显微镜配上正交的上下偏光片之后，即可变为一个带偏光功能的显微镜，此时在显微镜下就可观察宝石的光性特征。

5. 测定宝石的近似折射率

在显微镜镜体上装上游标卡尺或能精确测量镜筒移动距离的标尺，就可以测定近似折射率。

第三节　折射仪

折射仪是宝石测试仪器中最为重要的仪器之一，可以较为准确地测试出宝石的折射率值、双折率值。并且通过测试过程中折射率变化的特点，还可以进一步确定出宝石的光性，如光轴性、光性符号等。折射仪不仅可以测量抛光的平面，还可以用点测法

（远视法）测试抛光的弧面。因此，宝石的折射率几乎可以提供宝石全部的晶体光学性质，为宝石的鉴定提供关键性的证据。

一、折射仪的工作原理及结构

（一）工作原理

折射仪的基本原理，是光波传播经由光密介质进入光疏介质时，当入射角度达到一定程度将会发生全反射现象（参照本书第二章光学知识），而发生全反射的临界角大小，与介质的折光率有关。固定一方介质，则另一方介质（样品）的折射率可由临界角的测定与换算获得。

当光由光密介质斜照入光疏介质时会发生三种现象，即当入射角 i 小于临界角 γ 时光线发生折射现象，入射角 i 等于临界角 γ 时不发生折射现象，入射角 i 大于临界角 γ 时发生全内反射现象。如图 3-14 至图 3-15 所示。

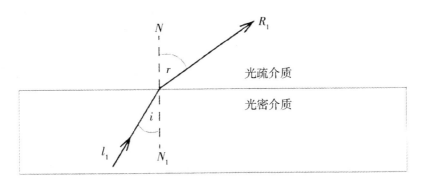

图 3-14　当入射角小于临界角时发生折射现象

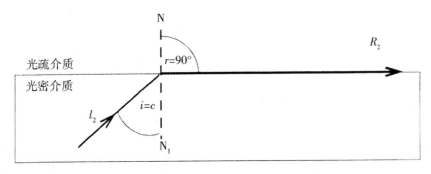

图 3-15　当入射角等于临界角时不发生折射现象

在折射仪中，折射仪的棱镜和接触液则为光密介质，而宝石为光疏介质。因此，当入射角小于临界角时，光线折射进入宝石，逸出折射仪的光路。当入射角大于临界角

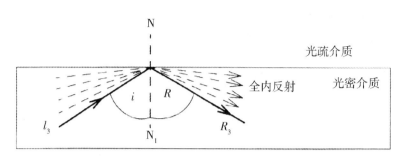

图 3-16　当入射角大于临界角时发生全内反射现象

时，光线发生全反射，返回棱镜并通过折射仪标尺，再经反射镜的反射，改变光线的传播方向，通过目镜射出，进入人眼，形成亮区。折射入宝石的光线不能被人眼所观察到，形成暗区。所以，在临界角的位置，可看到明暗界线，并依此测定临界角的大小。

折射仪的棱镜的折射率（$n_{棱镜}$）为一固定不变的值，可以用公式：

$$n_{宝石} = n_{棱镜} \sin \alpha（\alpha 为临界角）$$

求出被测宝石的折射率。折射仪标尺上的刻度所表示的数值是临界角换算出的折射率值，可以直接读数。

在折射仪中人们观察的方向，入射角小于临界角时，因折射而出现暗区，入射角大于临界角时，因全内反射而出现亮区。因此临界角大小可以用明暗区域交线指示（如图 3-17）。

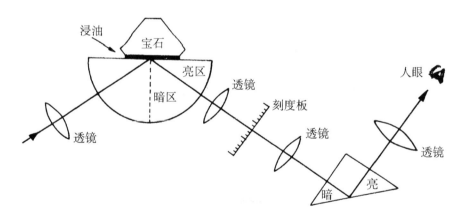

图 3-17　折射仪的工作原理

（二）结　构

折射仪主要由高折射率棱镜（铅玻璃或立方氧化锆）、反射镜、透镜、标尺和目镜等组成。在使用中，还需要接触油、黄色单色光源（钠光源，$\lambda = 589.5nm$）、偏振片等附件（如图 3-18）。

注：入射光如果是自然光，将会形成彩虹状读数阴影边界，影响真正读数。为此，

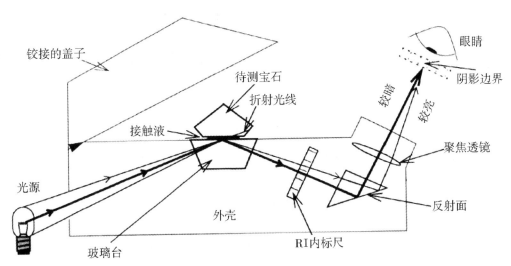

图 3-18　折射仪结构图

一般选用 589nm 的黄光，它可以通过钠光灯、发黄光二极管（LED），或者在光源或目镜加黄色滤色片获得。

接触液，成分为二碘甲烷，加入硫可调至 RI 为 1.78，若再加入 18% 的四碘乙烯，折射率可调至 1.81。因为毒性大，一般不调至 1.81，折射仪的测量范围取决于折射油的折射率。

由于玻璃台及接触液折射率值的限制，某些宝石的折射率值大于它们也是很正常的。这时由于无法满足全反射发生的条件，折射仪不能测定此类宝石的折射率，此上限值为 1.81。实际上，由于标尺的范围有限，折射率小于 1.35 的宝石，折射仪也是无法测定的。

二、操作方法

（一）精确测量法

可测出宝石的精确折射率值（RI），读数可精确到小数点后第二位，第三位为估读数，如在折射仪上读取尖晶石的折射率值为：RI = 1.718。

1. 适用对象

具有面积 >2mm^2 的光滑平整刻面的宝石。

2. 接触液

又称折射油。

（1）作用：使待测宝石与折射仪棱镜测台形成紧密的光学接触。

（2）注意：勿与口、鼻、眼接触，如不慎接触，须用大量清水清洗。

3. 操作步骤

使用仪器前需用合成尖晶石或水晶校正仪器误差。

（1）擦净测台棱镜和宝石，选取最大、最平整光滑的刻面置于测台一侧的金属台上；

（2）打开电源，与折射仪相接，在棱镜测台中央点一滴接触液，直径 1～2mm 即可；

（3）用手轻推待测宝石至棱镜中央；

（4）眼睛靠近目镜观察阴影边界，读数记录；若阴影边界不清晰，可加偏光片观察，转动其到阴影边界清晰时读数记录；

（5）转动宝石180°，每隔15°至25°（或45°）按前一步骤读数记录，分析所获各折射率（RI），选取宝石的最大折射率值（RImax）和最小折射率值（RImin）进行记录，相减后获取双折射率（DR），注意折射率的移动规律，判断宝石的轴性和光性符号（如图3-19）；

（6）取下宝石，擦净宝石与测台，关闭电源，洗净双手。

图3-20 点测法

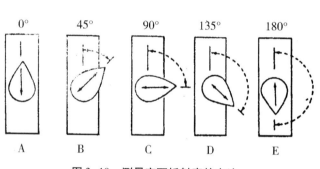

图3-19 测量宝石折射率的方法

（二）远视法

又叫点测法，只可得到宝石的近似 RI，无法测得 DR、判断轴性和光性符号；读数时估读到小数点后第二位，并以"±"符号标之或在记录的读数后加上点测，即1.67± 或 RI=1.67（点测）。

1. 适用对象

弧面型、珠型、随型或抛光不好、无平整光滑刻面的宝玉石。

2. 操作步骤（如图3-20）

（1）擦净待测宝石和棱镜测台，接好电源与折射仪，打开电源；

（2）将接触液滴在金属台上（棱镜测台旁），手持待测宝石沾一点接触液，将沾有接触液的部位置于棱镜测台中央，注意宝石长径方向最好与棱镜长边一致；

（3）去掉偏光片，眼睛远离折射仪目镜窗口30～35cm处观察，头部略微上下移动，在折射仪内部的标尺上寻找宝石轮廓的影像点（常为圆形或椭圆形），分析影像并读数记录；

（4）取下宝石，清洁宝石、棱镜测台和金属台，关闭电源。

三、观察现象及结论

（一）精确测量法

1. 单折射宝石

待测宝石在折射仪上转动180°，始终只有一条阴影边界，说明该宝石为单折射宝石（如图3-21）。

2. 一轴晶宝石

待测宝石在折射仪上转动180°，出现两条阴影边界，一条阴影边界固定不变，另一条发生移动，说明该宝石为一轴晶宝石。如果变化的折射率值为大值，则为一轴晶正光性宝石；如果变化的折射率值为小值，则为一轴晶负光性宝石（如图3-22）。

3. 二轴晶宝石

待测宝石在折射仪上转动180°，两条阴影边界都移动，说明该宝石为二轴晶宝石。如高值移动范围大，说明为二轴晶正光性；如低值移动大，说明为二轴晶负光性（如图3-23）。

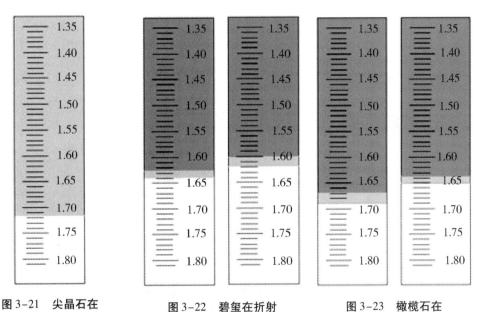

图3-21 尖晶石在折射仪中的阴影边界

图3-22 碧玺在折射仪中的阴影边界

图3-23 橄榄石在折射仪中的阴影边界

使用精确测量法时折射仪中的现象总结见表3-1。

表 3-1   折射仪中的现象总结

旋转宝石 180°	一条阴影边界	值变	DR 很大，高值超出折射仪测量范围，如菱锰矿（1.58~1.84，0.220）		
		值不变	边界清晰	均质体	
			边界模糊	DR 很小或为多晶质集合体	
	两条阴影边界	非均质体	一条动一条不动	一轴晶（U）	高值动	U（+）
					低值动	U（-）
				假一轴晶	Nm 与 Np 或 Ng 很接近	
				二轴晶（B）	为垂直 Nm、Np、Ng 的切面	
			两条都动	二轴晶（B）	高值移动的范围大	B（+）
					低值移动的范围大	B（-）
			两条都不动	换刻面再测	一条动一条不动	如上述
				一轴晶（U）	平行于光轴的切面	换刻面再测
	无影像	宝石的折射率超过测量范围（RI>1.81 或<1.35）			
		宝石刻面抛光不好、接触液过多或过少等原因			

（二）点测法

1. 半明半暗法

又叫 50/50 法，观察者视线前后移动，通过目镜筒，可以看到样品影像沿标尺上下移动，同时出现明暗变化现象，当影像到半明半暗的位置时，影像中部指示的读数就是样品的折射率值，如图 2-3-11，此时宝石的折射率估读为 1.53（点测）。

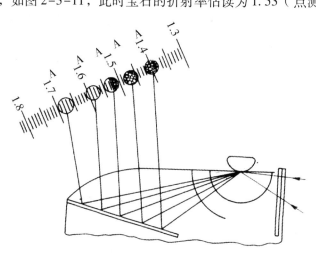

图 3-24　半明半暗法读数示意图

2. 明暗法

影像点在移动过程中迅速由暗变亮或由亮变暗的位置的读数。

3. 均值法

影像点在移动过程中亮度在一定的范围内连续变化，由暗渐亮或由亮渐暗，取最后一个全暗的影像位置读数 A 与第一个全亮的影像位置读数 B，这两个读数的平均值（中间值）即为宝石的近似 RI：RI=（B-A）/2。

注意：RI>1.81 的宝玉石，影像点在折射仪内部的标尺范围内始终是为全暗。

四、折射仪操作的注意事项

折射仪在进行读数时，需要注意一些操作细节，不然则会导致读数出现较大偏差而影响鉴定结果。同时在使用折射仪进行测试的过程中，也必须要注意如何正确操作才能避免损坏折射仪和宝石。

折射仪操作的注意事项归纳如下：

（1）测台棱镜硬度小，易划伤，操作时应轻拿轻放，避免以宝石底尖接触测台；

（2）宝石和测台棱镜使用前后须擦干净；

（3）折射油不宜滴多，滴多会使宝石浮于其上，导致读数不准确；

（4）如果折射油挥发并结晶出硫化物晶体（淡黄色），应使用稍多的折射油使之溶解，然后擦去；

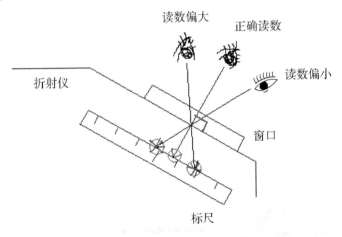

图 3-25 读数时的正确姿势

（5）旋转宝石测试时，要注意始终保持宝石与棱镜紧密的光学接触；

（6）读数时，姿势要正确，视线要垂直标尺读数（如图 3-25 所示）；

（7）长期不使用折射仪时，金属台面应涂上一层凡士林，以防生锈；

（8）测试前应先将折射仪校正，明确误差，用合成尖晶石或水晶来进行校正；

（9）多孔、结构疏松的宝石，不要放在折射油上测试，以免污染宝石，如绿松石、有机宝石；

（10）任何类似钻石的宝石，切忌放于测台上测试；

（11）双折射率太大，只能读到一条阴影边界时，注意用其他方法辅助鉴定，是否为各向同性或各向异性；

（12）对于宝石不同部位测出不同值，注意观察其是否为拼合处理的；

（13）注意某些样品不同部位所测的 RI 值可能不同。这是由于样品为多矿物集合体而造成的，如独山玉：斜长石 1.56±，黝帘石 1.70±；

（14）所测宝石必须为抛光，无严重擦痕；

（15）对于 RI>1.81（取决于折射油的 RI）的宝石，无法测出具体的值；

（16）双折射率太小，可能被误认为是单折射宝石，如磷灰石（DR = 0.003）；DR 太大，有一值超出测量范围，也可能被误认为是单折射宝石，如菱锰矿（1.58 ~ 1.84）；

（17）二轴晶的宝石中，α 与 β 或 β 与 γ 之间的变化值很小时，可能被误认为是一轴晶的宝石，如黄玉被误认为是假一轴晶；

（18）特殊的光性方向，无法测到 DR 具体值或被误判双折射为单折射宝石，需换刻面测试或用偏光仪验证；

（19）折射仪无法区分一些优化处理和合成宝石，如红宝石与合成红宝石。

第四节　偏光仪

偏光仪（如图 3-26）是一种比较简单的仪器，可以方便快捷地测定宝石的光性，主要区别均质体宝石、非均质体宝石和多晶集合体宝石，还可以进一步测定宝石的干涉图（光轴图），确定一轴晶或者二轴晶。

一、偏光仪的仪器结构与工作原理

（一）仪器的结构特征

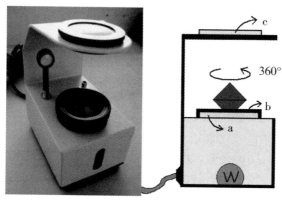

a. 下偏光片

b. 玻璃载物台（可转动）

c. 上偏光片（可转动）

图 3-26　偏光仪　　　　图 3-27　偏光仪的结构示意图

偏光仪由一个装灯的铸件和两个偏振片（即上下偏光镜）所构成。在检测宝石时，首先应使上下偏光处于正交位置（视域黑暗），然后再在两偏光片之间转动宝石进行观察（如图3-27）。

此外为便于观察干涉图（光轴图）多配有干涉透镜或者干涉球。

（二）工作原理

偏振片是二色性很强的薄膜，只允许一个振动方向的光线通过。在测试时，首先使上下偏光镜的振动方向处于正交位置，这样仪器光源发出的自然光经过下偏振片（起偏镜）后形成的线性偏振光就不能通过上偏振片（检偏镜），这时，从检偏镜向下看整个视域是暗的（如图3-28）。如果在上下偏光镜之间存在双折射的透明宝石，当偏光镜发出的线性偏振光通过宝石时，如果振动方向与宝石双折射的振动方向不平行，线性偏振光的振动方向就会发生偏转，使得有部分光线可以通过仪器的检偏镜，这样，样品转动就会产生明暗变化的现象，即所谓的全消光效应。

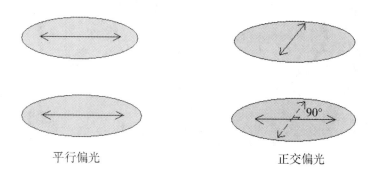

平行偏光　　　　　　　　　　　正交偏光

图3-28　平行偏振光和正交偏振光

二、偏光仪的操作

首先接上电源打开开关，转动上偏振片，直到视域变暗，把样品放在载物台上，一边旋转载物台，一边通过上偏光片观察样品的消光反应。若出现四明四暗的现象，可加干涉球进一步观察宝石的光轴图。

（1）清洁宝石，观察宝石是否透明；

（2）打开电源，调节上偏光片与下偏光片成正交位置（视域全暗）；

（3）将宝石放于载物台上，旋转物台360°，观察宝石的表现，换方向再测，综合分析记录现象，得出结论；

（4）如果是双折射宝石，用锥光镜旋转宝石各方位寻找光轴图，确定宝石轴性；

（5）取下宝石放好，关闭电源。

三、偏光仪的应用及现象解释

（一）均质体

1. 全暗（全消光）

旋转宝石360°，透过宝石的偏光与上偏光方向垂直，无法透过上偏光，因此宝石始终全暗（全消光）。例如：尖晶石、玻璃等。

2. 异常消光

宝石旋转360°，呈现明暗变化无规律的现象。常呈弯曲黑带、格子状、波状、斑纹状消光，由于均质体结构应力发生畸变导致（如图3-29）。

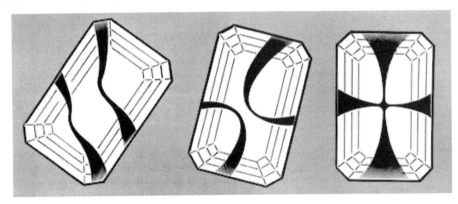

图3-29　异常消光的现象

（二）非均质体

当宝石放置在偏光镜上旋转360°之后呈现4次规律的明暗交替变化（四明四暗）的现象时即判断为非均质体。

（1）当下偏光方向与分解后其中一个方向一致，透过宝石的偏光与上偏光方向垂直，无法透过上偏光，因此宝石在该位置呈现全暗（360°出现4次）；

（2）当下偏光方向与分解后的方向都不一致，下偏光进入宝石后分解成两束相互垂直的偏光，再进入上偏光最大合矢后透过，因此宝石在该位置呈现全亮（360°出现4次）；

（3）其他位置时，总有部分光透过，宝石呈现全暗-全亮的过渡状态。例如：红宝石、水晶、托帕石等。

（4）可加干涉球进一步区分宝石轴性。

①一轴晶

黑十字干涉图（如图3-30）；牛眼干涉图（水晶）（如图3-31）；螺旋桨干涉图（紫晶由于双晶结构导致，也称扭曲黑十字，如图3-32）。

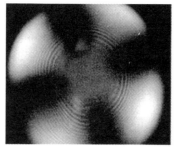

图 3-30　黑十字干涉图　　　　图 3-31　牛眼干涉图　　　　图 3-32　扭曲黑十字干涉图

②二轴晶

单臂干涉图（如图 3-33）或双臂干涉图（如图 3-34）。

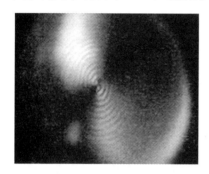
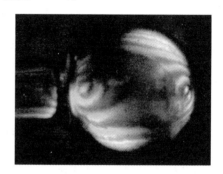

图 3-33　单臂干涉图　　　　　　　　　图 3-34　双臂干涉图

观察干涉图技巧：转动宝石寻找干涉色，在干涉色最浓集的位置上方放置干涉球，寻找干涉图（当宝石为弧面型时可以直接观察）。

（三）多晶集合体

当宝石在偏光镜上旋转 360°时，始终为全亮的现象时，即判断为多晶质体宝石。

1. 非均质集合体

其中任何位置上总有部分小晶处于全亮或全亮向全暗过渡状态。例如：翡翠、软玉、玛瑙等。

2. 均质集合体

宝石呈半亮，与全亮非常类似，是假集合消光，是光线被不透明的颗粒或者粗糙的表面漫射造成的。例如：半透明的绿色玻璃。

四、注意事项与局限性

在使用偏光镜对宝石的观察中要注意其适用范围及影响测试的各项因素。

（1）透明度差的宝玉石不宜采用该测试。

（2）瑕疵、裂隙多的宝石要多方向测试、细心观察后得出结论。某些裂隙多的非均质体宝石如祖母绿由于裂隙透光出现全亮的现象。

（3）多从几个方向测试，避免某些特殊光学方位影响结论。

（4）聚片双晶与多裂隙宝石在偏光测试中的现象为全亮，但注意其并非为多晶质，通过其他观察后在结论中要注明。例如，月光石在偏光镜下的现象为全亮但其结论却判断为非均质体（由于聚片双晶导致现象为全亮）。

（5）注意异常消光与四明四暗现象的区分。

（6）具有高 RI、切工好的宝石样品测试时以亭部刻面与物台接触摆放，若台面向下摆放，可能因全内反射而使视域呈现全暗的假象。如钻石、合成立方氧化锆。

五、偏光仪的用途

（1）区分均质体与非均质体及多晶质体；

（2）区分宝石的轴性（通过观察光轴图）；

（3）确定光轴方向；

（4）鉴定宝石种：水晶的"牛眼干涉图"

（5）观察多色性：

①转动上偏光片与下偏光片振动方向一致，即出现亮域；

②将宝石放于载物台上转动，如果是具有多色性的宝石则在转动相隔90°时会出现不同的颜色。

第五节　分光镜和二色镜

一、分光镜

分光镜（如图3-35、图3-36）是重要的宝石测试仪器，体积小，便于携带，使用十分方便。分光镜用于观察宝石的选择性吸收形成的特征光谱，确定宝石的品种，推断宝石的致色原因，研究宝石的颜色组成。

图3-35　手持分光镜

图3-36　台式分光镜

（一）原理及结构

宝石的颜色是宝石对不同波长的可见光选择性吸收后造成的。未被吸收的光混合形成宝石的体色。宝石中的致色元素常有特定的吸收光谱。宝石中的致色元素主要为钛（Ti）、钒（V）、铬（Cr）、锰（Mn）、铁（Fe）、钴（Co）、镍（Ni）、铜（Cu）等过渡金属元素。除过渡金属元素外，某些稀土元素（如铷、镨）以及某些放射性元素（如铀、钍），也会使宝石致色。

分光镜能将白光按波长依次分开排列，我们可以分析出哪些波段被吸收，根据吸收特征可以判断出宝石的致色元素或（和）种类。根据色散元件的不同，可制作两种类型的分光镜。

1. 棱镜式分光镜

（1）结　构

分光镜主要有狭缝、准直透镜、纠偏的色散棱镜组和出射窗口等部分组成（如图3-37）。当白光通过狭缝后，经准直透镜成为平行光束照射到棱镜组上，被棱镜色散后经出射窗口进入人的眼睛。

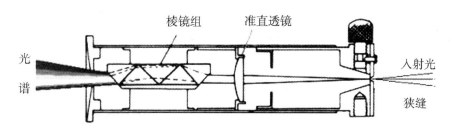

图3-37　棱镜式分光镜结构图

（2）棱镜式分光镜的特点

棱镜式分光镜产生的光谱为非线性光谱，各色区分布不均，紫区分辨率高；各个色区不同时聚焦，光谱也比较明亮。

2. 光栅式分光镜

（1）结　构

与棱镜式的不同之处是采用光栅做色散元件，代替棱镜组（如图3-38）。平行的白光透过光栅后，产生衍射，形成多级光谱，一般只采用亮度最大的一级光谱。在光栅的前面或者后面放置一个纠偏棱镜，使得光谱能够直射出窗口。

（2）光栅式分光镜的特点

光栅式分光镜产生的为线性光谱，各色区分布均匀，红区相对棱镜式分辨率高；各个色区同时聚焦，但是透光性差，需强光源，光谱较暗。

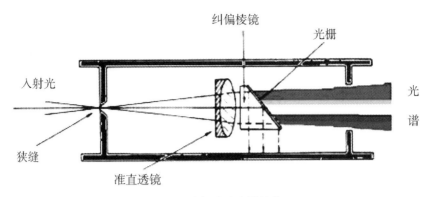

图 3-38　光栅式分光镜结构图

（二）使用方法

1. 光源选择

无特征吸收的光源，纯净、强度够大，一般用光纤灯（冷光源）。

2. 确定照明方式

（1）透射照明法（如图 3-39）：适用于彩色、透明度较好的宝玉石；

（2）内反射照明法（如图 3-40）：适用于色浅、透明度好的刻面宝石；

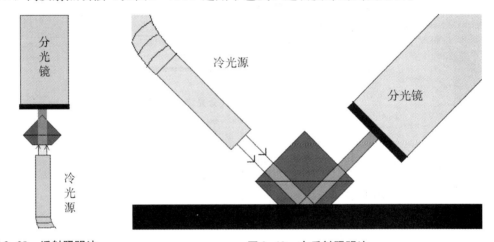

图 3-39　透射照明法　　　　　　　　图 3-40　内反射照明法

（3）表面反射法（如图 3-41）：适用于透明度差的宝玉石，特别是玉石类的。

3. 观察记录

以第二步确定的照明方式进行观察，一手持分光镜。另一手持拿光源（和待测宝石），并记录所观察到的吸收光谱，记录要有绘图+文字描述。

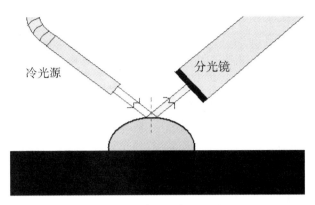

图 3-41　表面反射照明法

（三）用　途

（1）鉴定具有特征吸收光谱的宝石种，例如：红宝石；

（2）帮助确定致色元素，例如：祖母绿与绿色绿柱石（Cr）；

（3）帮助鉴别某些天然与合成宝石，例如：合成蓝色尖晶石和天然蓝色尖晶石；

（4）帮助鉴别某些优化处理过的宝玉石，例如：翡翠与 Cr 盐染色翡翠；

（5）帮助鉴别某些天然宝石与其仿制品，例如：红宝石和红色玻璃。

（四）特征光谱

1. Cr^{3+} 特征光谱

Cr^{3+} 离子具有很强的致色作用，其吸收光谱总体上是透过红光，吸收黄绿光，透过蓝光，吸收紫光。最为特征的是，在透光的红光区中有吸收线。如图 3-42、图 3-43 红宝石和祖母绿的吸收光谱。

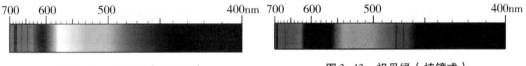

图 3-42　红宝石（棱镜式）　　　　　图 3-43　祖母绿（棱镜式）

2. Fe^{2+} 的特征光谱

Fe^{2+} 具有很强的致色作用，但是吸收的波段变化较大，既有导致宝石呈绿色的红光区吸收，又有导致宝石呈红色的蓝光区吸收。出现的特征吸收线（带），主要位于绿区和蓝区，如铁铝榴石（如图 3-44）、橄榄石（如图 3-45）等。

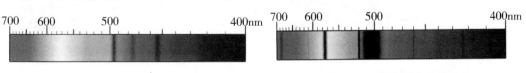

图 3-44　红色铁铝榴石（棱镜式）　　　图 3-45　橄榄石（棱镜式）

3. Fe^{3+} 的特征光谱

Fe^{3+} 的致色作用不强，通常是导致黄色，在蓝紫光区有吸收窄带，如黄色蓝宝石（如图3-46）和金绿宝石（如图3-47）等。

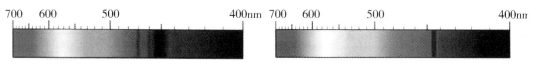

图 3-46　黄色蓝宝石（棱镜式）　　　　　图 3-47　金绿宝石（棱镜式）

4. Co^{2+} 的特征光谱

Co^{2+} 具有很强的致色作用，产生鲜艳的蓝色，通常在橙光区、黄绿区、绿区有强吸收带（如图3-48）。由于地壳中 Co 的丰度很低，很少有 Co^{2+} 致色的天然宝石，所以，Co^{2+} 的特征光谱又有指示合成或者人造宝石的作用。

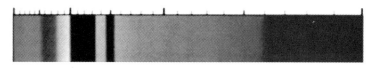

图 3-48　合成蓝色尖晶石（棱镜式）

5. Mn^{3+} 的特征光谱

Mn^{3+} 的致色作用比较弱，最强的吸收位于紫区并可延伸到紫区外，部分蓝区有吸收，致色宝石主要呈现粉红或橙红，如菱锰矿、蔷薇辉石。例如锰铝榴石的吸收带位于紫区的432nm（如图3-49）。

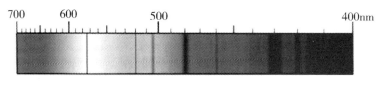

图 3-49　黄色锰铝榴石（棱镜式）

6. 稀土元素的特征光谱

稀土元素的吸收光谱常形成特有的细线，如黄色的磷灰石常有位于黄光区的细线（如图3-50）。铀虽不能导致鲜明的颜色却能产生明显的吸收谱，例如绿色锆石可以出现 10 多条吸收线均匀地分布在各个色区（如图3-51）。

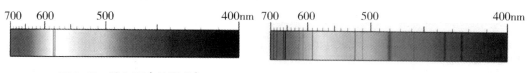

图 3-50　磷灰石（棱镜式）　　　　　图 3-51　绿色锆石（棱镜式）

（五）注意事项与局限性

（1）光源：选择纯净的光，检查是否具有选择性吸收，若出现亮线，为荧光线；

（2）光照时间不宜过长，因为宝石受热后某些吸收特征会消失；

（3）常光-非常光，不同方向的吸收有所差异，具定向光谱，例如：巴西绿柱石；

（4）观察时，不应用手持拿小型宝石，手指中的血液具有吸收线（592nm），会影响观察；

（5）保持仪器清洁，灰尘会在分光镜中产生横的"吸收线"；

（6）太小的宝石，不宜用分光镜观察，颜色太浅的宝石，应尽量让光通过宝石的路径长一些；

（7）拼合石的光谱可能为混合谱线，应先拿放大镜或宝石显微镜检查其是否为拼合石，再进行分光镜测试；

（8）并非所有宝石都显示吸收光谱，一般有色宝石常见，无色宝石只有锆石、钻石、CZ、顽火辉石才有吸收光谱，其他无色宝石可不做分光镜测试。

二、二色镜

宝石的多色性在某些情况下是辅助判定宝石品种的依据，二色镜就是用来观察宝石多色性的一种常规仪器（如图3-52）。

图3-52　二色镜

（一）工作原理及结构

1. 工作原理

二色镜的原理，是通过特定的光学元件，捕捉样品是否将入射光分解成相互垂直的两个不同振动方向的光，并且这两束光的颜色是否有差异，以及差异的大小。具有这种性能的光学元件可以是并排放置的两块振动方向垂直的偏光片，但是更常用的是具有强双折射的晶体，如冰洲石。

2. 结　构

常用的二色镜是冰洲石二色镜，它由玻璃棱镜、冰洲石菱面体、透镜、通光窗口和目镜等部分组成。冰洲石具有极强的双折射，能把透过非均质宝石的两束偏振化色光再次分解，它的菱面体的长度设计成正好可使小孔的两个图像在目镜里能并排成像，使分解的偏振光的颜色并排出现在窗口的两个影像中（如图3-53）。

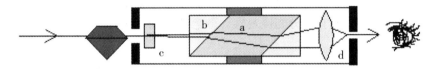

a. 冰洲石　　b. 玻璃棱镜　　c. 窗口　　d. 凸透镜

图3-53　二色镜的结构示意图

（二）使用方法

（1）用自然光（或白光）透射宝石样品。

（2）将二色镜紧靠宝石，保证进入二色镜的光为透射光。

（3）眼睛靠近二色镜，边转动二色镜边观察二色镜两个窗口的颜色差异。在观察时还需注意要转动宝石与二色镜，至少观察三个方向（如图3-54）；

宝石具多色性　　　　　　　　　　宝石的颜色分布

图3-54　二色镜的使用方法及现象

（4）观察后旋转二色镜180°验证，如果是宝石的多色性，旋转后窗口中的两种颜色会发生对调（如图3-55）。若宝石具有三色性，则转动宝石180°时，窗口中会出现第三种不同的颜色（如图3-55）。

（5）记录并分析结果。两种或三种颜色的明显程度（强、中、弱）+颜色变化/无。

（三）观察现象及结论

只有有色透明的非均质宝石具有多色性，无色和均质体宝石不存在多色性，观察到的两个窗口颜色相同。

换方向测试

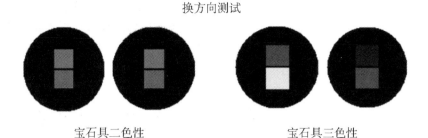

宝石具二色性　　　　　　　　　宝石具三色性

图 3-55　宝石的二色性和三色性

根据多色性的强弱，通常可分为 4 级：

强：肉眼即可观察到不同方向的颜色差异。如红柱石、堇青石等。

中：肉眼难以观察到多色性，但二色镜下观察明显，如红宝石等。

弱：二色镜下能观察到多色性，但多色性不明显，如紫晶、橄榄石等。

无：二色镜下不能观察到多色性，如尖晶石、石榴石等均质体宝石和无色或白色的非均质体宝石。

多色性的强弱程度不仅取决于宝石本身的光性特征，同时还受到宝石的大小，颜色的深浅不同等因素的影响。通常单晶宝石的颗粒越大、颜色越深，多色性越明显。

多色性观察现象及结论总结为表 3-2。

表 3-2　　　　　　　　　　　　多色性观察现象及结论

现象	一种颜色	换方向观察	仍然是一种颜色	结论：均质体
			出现两种颜色	同上一步操作，结论如下两行
	两种颜色		与前两种颜色相同	结论：一轴晶或二轴晶
			出现第三种颜色	结论：二轴晶

（四）用　途

（1）辅助区分均质体与非均质体宝石，如红宝石与红色尖晶石；

（2）辅助区分一轴晶与二轴晶宝石，如堇青石三色性显著（蓝色、紫蓝色、浅黄色），为二轴晶宝石；

（3）辅助鉴定具有典型多色性的宝石，例如，红宝石：强，玫瑰红/橙红；

（4）辅助加工定向。

①确定光轴方向；

②具多色性的宝石台面应呈现最好的颜色。

（五）注意事项

（1）光源应为灯光或太阳光，绝不能使用单色光和偏振光。

（2）宝石一定是有色的单晶宝石，颜色越深透明度越好的越容易观察。

（3）宝石应尽量靠近二色镜的一端，保证有较多的透射光进入二色镜，并减少刻面的反射光进入二色镜。

（4）多转动宝石或二色镜，从不同的方向观察宝石。

第六节　紫外荧光仪和查尔斯滤色镜

一、紫外荧光仪

紫外荧光仪（如图3-56）是一种重要的辅助性鉴定仪器，主要用来观察宝石的发光性（荧光）。

图3-56　紫外荧光仪

（一）基本原理和结构

1. 基本原理

有些宝石在紫外线的刺激下会发出可见光，这种现象称为荧光。若关闭紫外灯后，具荧光的物质继续发光，这种现象称为磷光。

紫外灯是用来测试宝石是否具荧光和磷光的仪器。

2. 结　构

（1）紫外灯管（LW：365nm，SW：253.7nm），开关控制盒；

（2）暗仓；

（3）挡板（布）；

（4）观察窗口。

（二）操作方法

（1）清洁待测宝石，放入暗仓，宝石尽量靠近灯源，盖上挡板（布）；

（3）打开电源，先选择长波紫外光 LW（红色按钮）照射观察，再换短波紫外光 SW（绿色按钮）照射观察；

（3）记录所用紫外光源类型和相对的宝石发光现象，记录格式：发光强度（强、中、弱）+颜色/无；

（4）关闭电源，注意观察宝石是否继续发光（磷光），如果具有磷光，须记录；

（5）取出宝石放好，关闭电源。

（三）注意事项

（1）紫外光对人体有伤害，测试时避免用眼睛直视灯管，放取宝石时应关闭电源，避免紫外线对手部皮肤的伤害；

（2）注意区分宝石表面的反射光（紫色），易误认为是宝石的发光；

（3）待测宝石局部发光，有可能是多矿物集合体中某一矿物具发光性，也可能是优化处理后宝石因染剂或充填物具发光性。

（四）用　途

1. 作为具有强荧光的宝石品种的辅助鉴定特征
例如红宝石有红色荧光。

2. 辅助鉴定天然宝石与其合成品
例如大多数天然蓝宝石无荧光，维尔纳叶法合成蓝宝石在短波紫外光下常有弱荧光。气相沉淀法合成的钻石可具有橙色的紫外荧光。

3. 辅助鉴定某些优化处理的宝玉石
例如具有强蓝白色荧光的翡翠经过充胶或者充蜡处理，具有较弱荧光的翡翠可能是经过充胶处理，或者是抛光上蜡造成的，而天然翡翠一般没有荧光。有些拼合石的胶层会发出荧光。充油和玻璃充填处理的宝石中的油和玻璃有荧光。硝酸银处理黑珍珠无荧光，天然黑珍珠具有荧光。

4. 辅助鉴别钻石及仿制品
钻石荧光的颜色和强度变化较大：颜色丰富、可有可无、可强可弱（如图3-57）。而同一种仿钻材料的荧光较为一致。

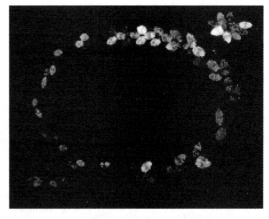

图 3-57　钻石在长波紫外光下的荧光

二、查尔斯滤色镜

（一）基本原理和结构

1. 原　理

滤色镜用于检测样品某些特殊的选择

性吸收。常用的查尔斯滤色镜由两块黄绿色的明胶滤色片组成。滤色片的功能是通过吸收，只允许某些波长的光通过。通过前面学习我们知道，有色宝石多为对光选择性吸收的结果，因此有人说：用滤色镜检测宝石相当于通过一种滤色镜（检测用的滤色镜）来观察另一种滤色镜（宝石）。通过两次的选择性吸收，可以把样品限定在一个很小的范围（如图 3-58）。

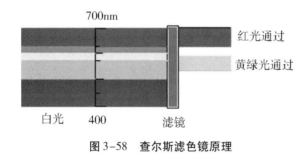

图 3-58　查尔斯滤色镜原理

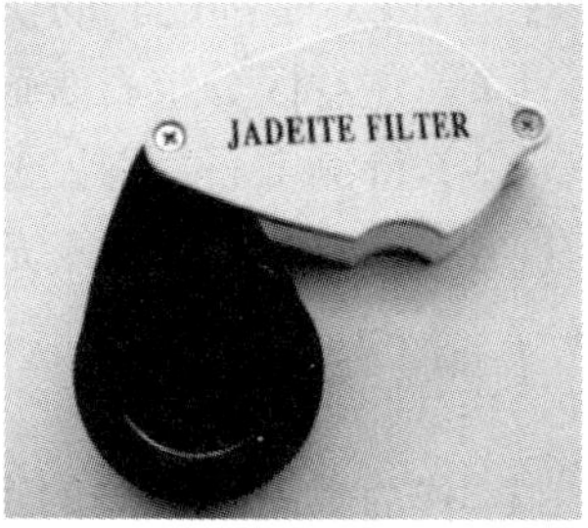

图 3-59　查尔斯滤色镜

2. 结　构

查尔斯滤色镜（如图 3-59）是宝石鉴定中最常用的一种滤色镜，它最初的设计目的是用来快速区分祖母绿与其仿制品，因而又被称为"祖母绿镜"。

查尔斯滤色镜由仅允许深红色光和黄绿色光通过的滤色片组成，通过滤色镜直接观察物体，所有物体只会出现两种颜色，即黄绿色或红色。

（二）使用方法

使用滤色镜时，应在白色无反光背景条件下，采用强白光照射宝石，将查尔斯滤色镜紧靠眼睛与宝石保持 30 至 40 厘米的距离观察宝石颜色的变化。

查尔斯滤色镜因本身颜色相当深暗，所以在使用它检测宝石时，必须采用非常强烈的光源照明。正确的用法是：准备一盏钨丝白炽台灯，灯泡不小于 60 瓦，将查尔斯滤色镜贴近眼睛，让宝石尽量靠近光源，这时观察宝石的颜色才能准确。用阳光、日光灯或小手电照明几乎看不清现象。

（三）宝石学用途

滤色镜的优势是可以成批检测，而且便于携带；其不足是结论的唯一性稍差。查尔斯滤色镜最先在伦敦的查尔斯工学院使用，它所选择的滤色片只允许深红和黄绿光通过，主要用于区分祖母绿与其仿制品。因为祖母绿几乎是唯一能让深红色光大部分透过并同时吸收黄绿区大部分的宝石，因此只有绿色的祖母绿在查尔斯镜下发红。

后来研究表明，查尔斯镜的使用只针对祖母绿是不全面的，只要具备同样的吸收特征，其在查尔斯镜下呈现的现象就应该相同，而相同的吸收特征常常由相同的致色离子所致。祖母绿由 Cr^{3+} 致色，如今大量使用含 Cr^{3+} 染色剂的改善品，在查尔斯镜下便会发红。与此同时，某些产地的祖母绿，由于其他致色离子的干扰，反而在查尔斯镜下不发红。

如今，查尔斯镜不仅仅限于对绿色宝石的检测。对于有荧光的红色宝石，查尔斯镜下呈亮红色，反之呈暗红色。对于由钴致色的蓝色宝石，查尔斯镜下呈红色；蓝色的海蓝宝石和托帕石，在查尔斯镜下前者呈蓝绿色，后者呈浅肉色。

查尔斯滤色镜的用途（常见宝石的滤色镜反应见表3-3）：

（1）快速区分大量颜色相近的宝石，主要针对蓝色、绿色宝石，例如：东陵石和翡翠；

（2）帮助鉴定某些染色处理的宝石，例如：翡翠；

（3）帮助鉴定某些合成宝石，例如：蓝色尖晶石与合成蓝色尖晶石（如图3-60）；

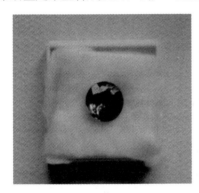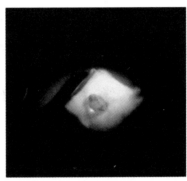

图3-60　合成蓝色尖晶石在查尔斯滤色镜下变红

4. 帮助鉴定某些仿制品，例如：蓝色 Co 玻璃仿蓝宝石。

表3-3　　　　　　　　　　　常见宝石的滤色镜观察现象

宝石种	灯光下颜色	日光下颜色
祖母绿（部分）	浅红-红	橙灰
合成祖母绿（绝大部分）	红	橙
翡翠	黄绿-暗绿	暗绿
染色翡翠（部分）	橙红-红	褐橙
钙铝榴石玉	橙红-红	暗橙
东陵石（含铬云母石英岩）	橙红-红	褐橙
合成蓝色尖晶石	鲜红	暗红

续表 3-3

宝石种	灯光下颜色	日光下颜色
蓝色钴玻璃	鲜红	黑红
海蓝宝石	浅蓝	浅蓝
天蓝色托帕石（改色）	黄绿色	黄灰绿
红宝石（大部分）	浅红-鲜红	红-火红
合成红宝石	鲜红-大红	火红
染色红宝石	红-深红	暗红
红色尖晶石	深红	暗红
红色石榴石	暗红	暗红

（四）注意事项

现在，很多合成祖母绿在滤色镜下变红，很多染绿色的翡翠不再变红色。利用滤色镜观察宝石仅可作为补充的测试手段，不能以此作为宝石鉴定的主要依据。

第七节　相对密度测定

宝石的质量（重量）与密度是鉴定和评价宝石的一个重要的依据，因此正确地使用天平是一项重要的技能。尤其是对大块的宝石原料，其他参数难以获得，相对密度值的测试显得尤其重要。

现在比较常用的测定宝石相对密度值的方法有静水称重法和重液法。

一、静水称重法

分析天平是用于测定样品相对密度的仪器。它所使用的是静水称重法。

（一）基本原理

宝石的密度是由组成宝石的化学元素的原子量和晶体结构中原子之间排列的紧密程度决定的。因此不同的宝石具有特定的密度值，宝石的密度具有重要的鉴定意义。

宝石的密度常用单位是 g/cm^3，表示体积为 $1cm^3$ 的宝石的质量。密度的测定十分复杂，因相对密度与密度十分接近，二者的换算系数仅 1.0001，在宝石学中，通常把测定的相对密度值作为密度的近似值。

宝石的相对密度是指在4℃及1个标准大气压（1atm＝101325Pa）的条件下，单位体积的宝石质量与同体积水的质量的比值，没有单位。

相对密度的测定方法即静水称重法的依据是阿基米德定律：物体在液体中受到的浮力，等于它所排开液体的重量。

若液体为水，水温对单位体积的水的质量影响忽略不计，根据阿基米德定律就可以推导出宝石的相对密度（SG）的计算公式：

相对密度（SG）= 宝石的质量/宝石所排开水的质量

= 宝石的质量/（宝石的质量−宝石在水中的质量）

$\approx$宝石在空气中的重量（W_1）/〔宝石在空气中的重量（W_1）−宝石在水中的重量（W_2）〕

（二）测试方法

宝石的重量可直接在空气中称量得出。而宝石在液体（水）中的重量可用天平测出，天平的类型有多种，如单盘、双盘、电子天平及弹簧秤等。下面则重点介绍其中三种的使用方法。

1. 弹簧秤

对于重量大于10g的宝石，可以使用精度较小，但便于携带的弹簧秤。如玉石雕件及各类原石。操作方法如图3-61所示。

首先将要称重的样品挂于弹簧秤上，记录下此时的读数W_1（即宝石在空气中的重量），然后再将样品放入水中进行称重读数，记录下此时的读数W_2（即宝石在水中的重量），最后根据公式：$SG = W_1 / (W_1 - W_2)$ 就可求出宝石的相对密度值。

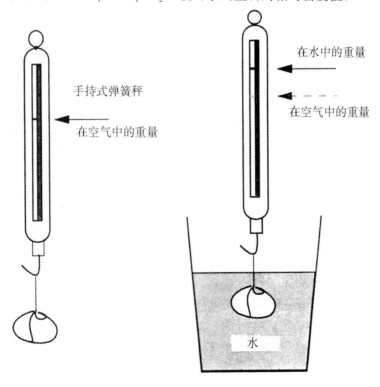

图3-61 弹簧秤静水称重法操作示意图

2. 托盘天平（双盘）

对于小粒的各种样品，可选用精度较高的天平，如托盘天平（如图3-62）或电子天平等。托盘天平的操作步骤如下：

（1）校正天平至水平零度位置，按常规方法使用；

（2）清洁待测宝石，在空气中称出宝石的重量 $W_空$；

（3）在左盘上放一支架（阿基米德架），支架上放一杯蒸馏水或有机液体，吊钩上吊一小铁丝兜，在右盘天平上放置同样重量的小铁丝兜，再次校正天平，以达到精确平衡为止；

（4）将待测宝石小心地放进样品兜内，完全浸没水中，将所有气泡排除，称重 $W_水$；

（5）将所测数值代入公式得出宝石 $SG = W_空 / (W_空 - W_水)$。

（6）放好宝石，收好天平。

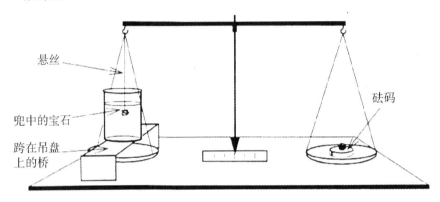

图3-62　双盘托盘天平

3. 电子天平

电子天平（如图3-63）静水称重法操作步骤如下：

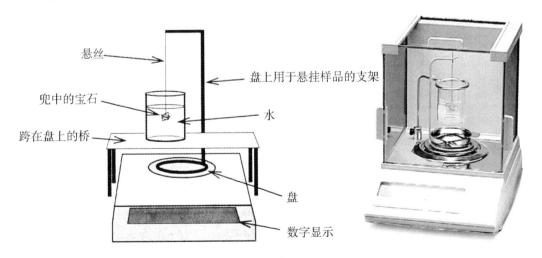

图3-63　电子天平

（1）打开克拉秤，调节归零；

（2）清洁待测宝石，放于克拉秤上称出宝石的重量 $W_空$；

（3）放上支架，将蒸馏水或有机液体倒入烧杯内，放在支架上，金属丝兜浸没入液体中，调节克拉秤归零；

（4）将宝石放入金属兜中，排除气泡，称出宝石在水中的重量 $W_水$；

（5）将所测数值代入公式得出宝石 $SG = W_空 / (W_空 - W_水)$；

（6）放好宝石，收好装置，关闭克拉秤。

（三）影响测试精度的因素

1. 天平的精确度

电子秤的灵敏度应达到 0.01ct。

2. 宝石的大小

宝石不小于 0.5 克拉。

3. 附着的气泡

将水烧开可减少附着于铜丝或宝石的气泡。

4. 水的表面张力

加入点清洁剂可减少表面张力，也可以用四氯化碳液体代替水。但四氯化碳的密度值与水不一样，计算公式为。

相对密度（d）= 宝石在空气的质量/（宝石在空气的质量−宝石在液体中的质量）* 四氯化碳相对密度

注：四氯化碳的密度值随温度而有所改变，具体密度可由四氯化碳密度与温度变化曲线获得。在室温下，取相对密度值 1.58 即可。

二、重液（浸油）法

宝石鉴定中常利用宝石在重液（浸油）中的运动状态来估测宝石的相对密度范围，这种测定方法快速简单。当已知重液密度时，根据宝石在其中的运动状态（下沉、悬浮或上浮）即可判断出宝石的密度值范围。这种方法的优点是可以测试很小的宝石。重液还可以用来测定宝石的近似折射率。

（一）原　理

重液（浸油）是油质液体，利用其密度，来测定宝石的相对密度时常称为重液；利用其折射率比较观察宝石时常称为浸油和浸液。理想的重液（浸油），要求挥发性尽可能小，透明度好，化学性质稳定，黏度适宜，尽可能无毒无臭，因此宝石学中常用的重液种类并不多。

宝石鉴定常用相对密度为 2.65、2.89、3.05、3.32 的一组重液，由二碘甲烷、三溴甲烷和 α−溴代萘配制而成：

表 3-4 宝石中常用重液的性质

试剂组成	折射率	相对密度	密度指示物
α-溴代萘+三溴甲烷	/	2.65	水晶
三溴甲烷	1.59	2.89	绿柱石
三溴甲烷+二碘甲烷	/	3.05	粉红色碧玺
二碘甲烷	1.74	3.32	/

（二）宝石在重液中的现象

用镊子夹住宝石并浸入重液（浸油）中部，轻轻松开镊子，观察宝石在重液中呈漂浮、悬浮和下沉等状态判断宝石的相对密度（如图 3-64）：

在重液中漂浮：宝石的相对密度<重液 SG；

在重液中悬浮：宝石的相对密度 = 重液 SG；

在重液中下沉：宝石的相对密度>重液 SG。

注：如果上浮或下沉的速度缓慢则表示宝石与重液（浸油）两者密度值相差不大；若下沉速度快，则表明宝石与重液（浸油）两者密度值相差大。

宝石漂浮　　　　　宝石悬浮　　　　　宝石下沉

图 3-64　宝石在重液中的现象

（三）注意事项

（1）多孔宝石不宜使用重液；

（2）在重液中测试过的宝石及使用的镊子要及时用酒精清洗，以免污染重液（浸油），影响测试结果；

（3）实验室通风条件要好；

（4）重液要在阴暗阴凉处保存，并放入一些铜丝；

（5）当宝石的折射率和重液的折射率相近时，宝石会"消失"，要仔细观察才能看到；

（6）每次测试时，只打开重液（浸油）瓶并只测定一个样品，将重液（浸油）瓶瓶盖朝上放置，以免污染，测试完毕后，迅速盖紧重液（浸油）瓶瓶塞；

（7）重液（浸油）应用棕色瓶盛装，避免阳光照射，以免重液（浸油）遇光发生分解；

（8）由于重液（浸油）有很强的腐蚀性，因此在使用时，注意不能溅出重液（浸油），以免粘在皮肤、衣物上；

（9）环境温度可影响重液（浸油）的密度，即温度越高，重液（浸油）的相对密度越小，且由于重液（浸油）的组成溶液的挥发性不同，所以重液（浸油）的相对密度会随时间产生变化，再次使用时必须重新校准。

（四）利用重液（浸油）测定宝石近似折射率

重液（浸油）测定宝石的折射率只能是粗略地估计，不能确定具体的数值。当宝石浸入重液（浸油）时，宝石的折射率与重液（浸油）越接近，宝石的轮廓越不明显；相反，宝石的折射率与重液（浸油）折射率相差越大，宝石的轮廓越清晰。

第八节　热导仪及其他钻石检测仪器

一、热导仪

图 3-65　热导仪

由于在所有宝石中，钻石具有极高的导热性能，因此，热导仪（如图 3-65）主要用于鉴别钻石及其仿制品。但热导仪不能区分钻石及合成碳化硅。此外，各种宝石的热导率也有差别，在某些特定的情况下，热导仪也能发挥重要的作用。

（一）基本原理

1. 导热性

物体传递热量的能力。

2. 热导率

以穿过给定厚度的材料，使材料升高一定温度所需的能量来度量的，单位 W/m·℃，例如，钻石：100 ~ 2600W/m·℃。

热导仪是专门为鉴定钻石及其仿制品而设计的一种仪器，其原理是在所有的透明宝石中钻石的热导率最高，其次为蓝宝石。在室温下，钻石的热导率从Ⅰ型的100W/m·℃变化到Ⅱa型的2600W/m·℃，而蓝宝石只有40W/m·℃，要比钻石低2.5倍以上。所以，热导仪一直是分辨钻石和仿钻石的便利仪器。这种情况到2000年才发生一点变化，新问世的合成碳硅石的热导率接近钻石，宝石用的热导仪还不能区别。此外，各种宝石的热导率也有差别，在某些特定的情况下，热导仪也能发挥重要的作用。

（二）结构与工作原理

热导仪包括热探针、电源、放大器和读数表四部分。读数表可由信号灯或鸣叫器代替，显示测试结果。

打开电源加热探头，将探头放于宝石上，宝石受热向周围散热到钻石的导热温度范围，指示灯亮，蜂鸣器鸣叫（或表式表盘中指示针偏转至"钻石"区域）。

（三）测试方法

（1）清洁待测宝石表面，手握金属托或放于金属垫板上（裸钻）；

（2）打开仪器电源，预热。按宝石大小、室温情况调节热导仪（一般指示灯亮3~4小格），手握探测器，以直角对准待测宝石（注意不要接触到金属托架），用力适中；

（3）仪器显示出光和声信号，得到测试结果。

（四）注意事项

（1）测试前不要预热，不要用手接触宝石；

（2）金属探针头对已镶钻石测试时，注意不要触及金属架部分；

（3）金属探针头注意和台面保持垂直，用力适中；

（4）<0.5ct的未镶钻石，应放在金属垫板上散热测试；

（5）注意钻石是否经过涂层处理，结果可能不准确；

（6）待测宝石的湿度和环境温度会影响测试结果；

（7）合成碳化硅导热性也很好，能使热导仪产生与钻石相同的反应。

（8）探针尖端十分灵敏，操作时要小心，用力适中，当仪器不用时，要盖上盖子以保护探针；

（9）当仪器长时间不使用时，应将电池取出来，避免电池报废后腐蚀和损坏仪器。

二、快速识别钻石类型的仪器

2004年11月15日比利时HRD发布新闻，通告发明了D-Screen（如图3-66），HRD说这种仪器识别钻石的能力很强，体积很小，便于携带，便于操作，是性价比最高的钻石鉴定设备，是第一种可以从无色-近无色的钻石（色级在D到J的范围）中把合成钻石或者高温高压处理钻石识别出来的仪器，D-Screen的工作原理是不同类型的钻石透射紫外光的性能存在差别，不含氮的Ⅱ型钻石透紫外光的能力大于含氮的Ⅰ型钻石。

依紫外透光性区别Ⅰ型和Ⅱ型钻石的简便仪器的创意及发明应属瑞士宝石研究所的Haenni博士，由于受到当时GE POL钻石问世的困扰，Haenni博士于2001年开始研制这种仪器，研制的产品称为Diamond Spotter（如图3-67）。

功能类似的仪器还有D. Beers在20世纪末（1998年）研制的，最近由GIA英国仪器公司销售的Diamond Sure（如图3-68）。Diamond Sure的工作原理是依据的大多数天然白色钻石具有415nm吸收线，而合成钻石、HPHT处理的白色钻石由于不是Ia型钻石，因而缺失415nm的吸收线，来快速地识别分出Ia型的天然钻石。

图3-66 D-Screen 图3-67 Diamond Spotter 图3-68 Diamond Sure

确定钻石的类型还可以用其他的方法。红外光谱是非常的有效和准确方法，可以区别出Ⅰa、Ⅱab、Ⅰb、Ⅱa和Ⅱb等，所以，这些仪器对于已经装备有红外光谱仪的实验室不是非常必要。

三、识别钻石发光图案的仪器

经过Diamond Sure或者Diamond Spotte或者D-Screen挑拣出来的钻石有三种可能：合成钻石、高温高压处理钻石和天然钻石，还需要进一步的鉴定。

合成钻石发光图案具有特征的论文是奥地利Polahno博士于1994年发表在英国宝石协会的J. Gemmology杂志上，Polahno博士发现HTHP方法合成的黄色钻石的阴极发光具有所谓的"沙钟状图案"。后来，进一步表明其他颜色的HPHT合成钻石也具有类似的特征，CVD方法合成的钻石则具有与众不同的橙色发光和纹理。

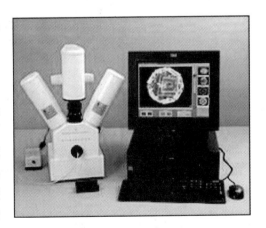

图3-69 Diamond View

D. Beers的研究人员改进了使钻石发光性的方法，采用超短波紫外光代替电子束作为荧光的激发源，这样仪器就不需要抽真空，更便于操作和快捷。但是，Diamond View

（如图3-69）仅用于钻石的鉴定，不像阴极发光仪还有其他的用途。

四、Diamond Plus II

图3-70 diamond Plus

HTHP处理的无色钻石（GE-Pol）的鉴定更为困难，GE公司的副总裁Bill Woodburn认为这种处理是无法准确识别的。瑞士宝石实验室于2000年发表了研究成果，HTHP处理的无色钻石具有637nm的光致发光峰，这个光谱特征需要用激光拉曼光谱仪来识别，如果对样品进行制冷，会得到更可靠的结果。DTC于2005年针对性地研制出称为Diamond Plus的仪器（如图3-70），用于检测HPHT处理的II型钻石。Diamond Plus具有易于使用，可进行大量检测，便于携带，相对较便宜的优点，但是，还是需要在液氮制冷的条件下工作。

五、莫桑笔

用热导仪测试钻石和合成碳硅石时，两种材料均会显示为钻石，导致二者通过热导仪测试却无法区分。为此莫桑笔应运而生，用于热导仪测试之后进一步区分钻石和合成碳硅石（如图3-71）。

图3-71 莫桑笔

（一）原 理

天然的钻石多为Ia、IAB、Ib和IIa型的钻石，从物理性质上来说都是为绝缘体，不会导电，除了少量的IIb型钻石为半导体外。

而合成碳硅石则是大多数都会导电，因此，通过莫桑笔的测试可以将钻石和合成碳硅石区分开来。

（二）操作步骤

首先在测试前需要清洁待测宝石，然后打开仪器电源的开关，用拇指与食指捏住莫桑笔两侧的金属感应片，将探头垂直于待测宝石上，观察现象并记录结论。

使莫桑笔鸣叫的为合成碳硅石，不鸣叫的则为钻石（Ⅱb型钻石除外）。

（三）注意事项与局限性

（1）该仪器对彩钻或其他类型的合成钻石的测试无意义；

（2）当测试的是已镶宝石，暴露直径<1.2mm时，要小心不要让探头触及首饰的金属部分，否则会使仪器鸣叫得出错误的结论；

（3）探针尖端十分灵敏，操作时要小心，用力适中，当仪器不用时，要盖上盖子以保护探针；

（4）当低电指示灯在窗口亮起时，为防止读数不准确，必须停止使用，更换电池；

（5）当仪器长时间不使用时，应将电池取出来，避免电池报废后腐蚀和损坏仪器。

第九节　具破坏性的常规测试方法

以下方法对宝石具有一定的损害，对一些不透明、测不到折射率、体积较大、多孔易被充填和染色的宝石材料的鉴定很有效，但必须慎重使用。

一、硬度测试

硬度测试的目的是确定宝石的摩氏硬度级别。摩氏硬度是用矿物之间的刻划能力来确定，常用的硬度笔由刚玉（9）、托帕石（8）、水晶（7）、长石（6）、磷灰石（5）组成，用它们刻划被测的样品，确定宝石的摩氏硬度（如图3-72）。

在使用时要注意：

（1）要选择样品不显眼的位置。

（2）硬度笔的尖端尽量垂直样品的表面，小心地划一小道。

（3）用棉花把刻划的表面擦干净，用放大镜观察是否被刻划上了。

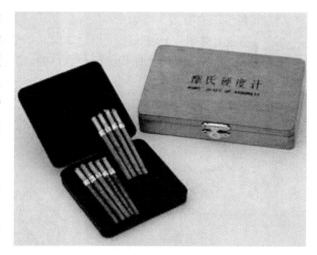

图3-72　摩氏硬度计

二、热针测试

热针是针尖温度可以加热到200℃以上的一种仪器，通常是一段折叠的电炉丝，用电池供电。测试时，把加热到暗红色的针尖靠近样品的表面，或者短暂地接触样品，检测样品烧焦的气味和"出汗"现象。

1. 气味检测

热针短暂地接触样品的不显眼位置后，把样品放到鼻子下闻样品发出的气味：

龟甲、角质珊瑚等天然有机宝石发出烧焦头发的气味；煤精发出焦油的气味；琥珀发出香料味；而塑料仿制品则发出辛辣的气味。

2. "出汗"现象

在显微镜下，把热针靠近样品一不显眼的表面，观察样品的表面是否有"汗珠"冒出。充填了油和蜡的多孔宝石，如绿松石、祖母绿，会出现这种现象。

三、化学反应测试

化学反应用来鉴定碳酸盐宝石、染色宝石、染色黑珍珠等。

1. 检测碳酸盐宝石

用一小滴稀盐酸滴在宝石不显眼的位置，用放大镜观察是否出现冒泡现象，并立即将盐酸擦掉。也可以刮一点样品的粉末进行测试。方解石、珊瑚、珍珠、贝壳、菱镁矿、青金石等会发生冒泡反应。

2. 染色宝石测试

用棉签沾上丙酮或者其他有机试剂，擦拭样品不显眼的位置，然后检查棉签是否染上颜色，如果染上颜色，说明宝石的颜色是染色的。测试完要及时把丙酮擦净。

3. 黑色珍珠的检测

用棉签沾上稀硝酸溶液，擦拭黑珍珠样品不显眼的位置，然后检查棉签是否染上颜色，如果染上颜色，说明珍珠的颜色是染色的。测试完要及时把样品上的稀硝酸擦净。

复习思考题

1. 什么是无损测试？
2. 宝石常规测试技术有何作用？

第四章　大型仪器在宝玉石鉴定中的应用

现代高新科技的发展，促进了新的合成及人造宝石和优化处理宝石品种的相继面市。一些合成宝石与天然宝石之间的差别日趋缩小，一些优化处理宝石的表面及内部特征与天然宝石相差无几，使得宝玉石鉴定中的一些疑难、热点问题应运而生。一些传统的宝石鉴定仪器及鉴定方法已难以满足人们对珠宝鉴定的需求。

近年来，国外一些大型分析测试仪器的引进及应用，使我国珠宝鉴定与研究机构初步摆脱了过去那种单一的鉴定对比模式。迄今，珠宝鉴定工作者主要用它们来解决传统的检测仪器所无法解决的某些疑难问题。不容置疑，先进的分析测试技术在宝石学鉴定与研究领域中将发挥出愈来愈重要的作用。

第一节　傅立叶变换红外光谱仪

宝石在红外光的照射下，引起晶格（分子）、络阴离子团和配位基的振动能级发生跃迁，并吸收相应的红外光而产生的光谱称为红外光谱。19 世纪初，人们通过实验证实了红外光的存在。20 世纪初，人们进一步系统地了解了不同官能团具有不同红外吸收频率这一事实。1950 年以后出现了自动记录式红外分光光度计。随着计算机科学的进步，1970 年以后出现了傅立叶变换红外光谱仪。近年来，红外测定技术如反射红外、显微红外、光声光谱以及色谱–红外联用等得到不断发展和完善，红外光谱法在宝石鉴定与研究领域得到了广泛的应用。

一、基本原理

能量在 $4000 \sim 400 cm^{-1}$ 的红外光不足以使样品产生分子电子能级的跃迁，而只是振动能级与转动能级的跃迁。由于每个振动能级的变化都伴随许多转动能级的变化，因此红外光谱属一种带状光谱。分子在振动和转动过程中，当分子振动伴随耦极矩改变时，分子内电荷分布变化会产生交变电场，当其频率与入射辐射电磁波频率相等时才会产生红外吸收。红外光谱产生的条件：①辐射应具有能满足物质产生振动跃迁所需的能量；②辐射与物质间有相互耦合作用。例对称分子没有耦极矩，辐射不能引起共振，无红外活性，如：N_2、O_2、C_{12} 等。而非对称分子有耦极矩，具红外活性。

（1）多原子分子的振动多原子分子由于原子数目增多，组成分子的键或基团和空间结构不同，其分子真实振动光谱比双原子分子要复杂，但在一定条件下作为很好的近似，分子一切可能的任意复杂的振动方式都可以看成是有限数量的且相互独立的和比较简单的振动方式的叠加，这些相对简单的振动称为简正振动。

（2）简正振动的基本形式一般将简正振动形式分成两类：伸缩振动和弯曲振动（变形振动）。

①伸缩振动

指原子间的距离沿键轴方向发生周期性变化，而键角不变的振动称为伸缩振动，通常分为对称伸缩振动和不对称伸缩振动。对同一基团，不对称伸缩振动的频率要稍高于对称伸缩振动，而官能团的伸缩振动一般出现在高波数区。

②弯曲振动（又称变形振动）

指具有一个共有原子的两个化学键键角的变化，或与某一原子团内各原子间的相互运动无关的、原子团整体相对于分子内其他部分的运动。多表现为键角发生周期变化而键长不变。变形振动又分为面内变形和面外变形振动。面内变形振动又分为剪式和平面摇摆振动。面外变形振动又分为非平面摇摆和扭曲振动。

（3）红外光区的划分：红外光谱位于可见光和微波区之间，即波长约为 $0.78 \sim 1000\mu m$ 范围内的电磁波，通常将整个红外光区分为以下三个部分：

①远红外光区

波长范围为 $25 \sim 1000\mu m$，波数范围为 $400 \sim 10cm^{-1}$。该区的红外吸收谱带主要是由气体分子中的纯转动跃迁、振动–转动跃迁、液体和固体中重原子的伸缩振动、某些变角振动、骨架振动以及晶体中的晶格振动所引起的。在宝石学中应用极少。

②中红外光区

波长范围为 $2.5 \sim 25\mu m$，波数范围为 $4000 \sim 400cm^{-1}$。即振动光谱区。它涉及分子的基频振动，绝大多数宝石的基频吸收带出现在该区。基频振动是红外光谱中吸收最强的振动类型，在宝石学中应用极为广泛。通常将这个区间分为两个区域，即称基团频率区和指纹区。

基频振动区（又称官能团区），在 $4000 \sim 1500cm^{-1}$ 区域出现的基团特征频率比较稳定，区内红外吸收谱带主要由伸缩振动产生。可利用这一区域特征的红外吸收谱带，去鉴别宝石中能存在的官能团。

指纹区分布在 $1500 \sim 400cm^{-1}$ 区域，除单键的伸缩振动外，还有因变形振动产生的红外吸收谱带。该区的振动与整个分子的结构有关，结构不同的分子显示不同的红外吸收谱带，所以这个区域称为指纹区，可以通过该区域的图谱来识别特定的分子结构。

③近红外区

波长范围为 $0.78 \sim 2.5\mu m$，波数范围为 $12820 \sim 4000cm^{-1}$，该区吸收谱带主要是由低能电子跃迁、含氢原子团（如O—H、N—H、C—H）伸缩振动的倍频吸收所致。如绿柱石中 OH 的基频伸缩振动 $3650cm^{-1}$，伸/弯振动合频 $5250cm^{-1}$，一级倍频 $7210cm^{-1}$ 处。

二、仪器类型和测试方法

按分光原理，红外光谱仪可分为两大类：即色散型（单光束和双光束红外分光光度计）和干涉型（傅立叶变换红外光谱仪，如图4-1）。色散型红外光谱仪的主要不足是自身局限性较大，扫描速度慢，灵敏度和分辨率低。目前在宝石测试与研究中，主要采用傅立叶变换红外光谱仪。

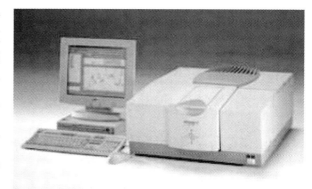

图4-1　傅里叶变换红外光谱仪

在傅立叶变换红外光谱仪中，首先是把光源发出的光经迈克尔逊干涉仪变成干涉光，再让干涉光照射样品。经检测器（探测器-放大器-滤波器）获得干涉图，由计算机将干涉图进行傅里叶变换得到的光谱。特点：扫描速度快，适合仪器联用；不需要分光，信号强，灵敏度高。

用于宝石的红外吸收光谱的测试方法可分为两类，即透射法和反射法。

1. 透射法

透射法又可分为粉末透射法和直接透射法。粉末透射法属一种有损测试方法，具体方法是将样品研磨成 $2\mu m$ 以下的粒径，用溴化钾以 1:100～200 的比例与样品混合并压制成薄片，即可测定宝石矿物的透射红外吸收光谱。直接透射法是将宝石样品直接置于样品台上，由于宝石样品厚度较大，表现出 $2000 cm^{-1}$ 以外波数范围的全吸收，因而难以得到宝石指纹区这一重要的信息。直接透射技术虽属无损测试方法，但从中获得有关宝玉石的结构信息十分有限，由此限制了红外吸收光谱的进一步应用。特别对于一些不透明宝玉石、图章石和底部包镶的宝玉石饰品进行鉴定时，则难以具体实施。

2. 反射法

红外反射光谱是红外光谱测试技术中一个重要的分支，目前在宝玉石的测试与研究中倍受关注，根据采用的反射光的类型和附件分为：镜反射、漫反射、衰减全反射和红外显微镜反射法。红外反射光谱（镜、漫反射）在宝石的鉴定与研究领域中具有较广阔的应用前景，根据透明或不透明宝石的红外反射光谱表征，有助于获取宝石矿物晶体结构中羟基、水分子的内、外振动，阴离子、络阴离子的伸缩或弯曲振动，分子基团结构单元及配位体对称性等重要的信息，特别对某些充填处理的宝玉石中有机高分子充填材料的鉴定提供了一种简捷、准确、无损的测试方法。

基于宝石样品的研究对比和鉴定之目的，分别采用 Nicolet550 型傅立叶变换红外光谱仪及镜面反射附件和 TENSOR-27 型傅立叶变换红外光谱仪及"漫反射附件"。在具体测试过程中，视样品的具体情况，采用分段测试的方法（即分为 4000～2000 cm^{-1}，2000～400 cm^{-1}）对相关的宝石样品进行测试。考虑到宝石的红外反射光谱中，由于折射率在红外光谱频率范围的变化（异常色散作用）而导致红外反射谱带产生畸变（似微分谱形），要将这种畸变的红外反射光谱校正为正常的并为珠宝鉴定人员所熟悉的红外吸收光谱，可通过 Dispersion 校正或 Kramers Kronig 变换的程序予以消除。具体方法为：若选用 Nicolet550 型红外光谱仪的镜面反射附件测得宝石红外反射光谱，则采用 OMNIC 软件内 Process 下拉菜单中 Other Corrections 选择 Dispersion 进行校正；同理，若采用 TENSOR-27 型红外光谱仪的"漫反射附件"测得宝石的红外反射光谱，可用其 OPUS 软件内谱图处理下拉菜单中选择 Kramers Kronig 变换予以校正（简称 K-K 变换）。下文中，将经过 Dispersion 校正或 K-K 变换的红外反射光谱，统称为红外吸收光谱。

三、宝石学中的应用

红外吸收光谱是宝石分子结构的具体反映。通常，宝石内分子或官能团在红外吸收光谱中分别具自己特定的红外吸收区域，特征的红外吸收谱带的数目、波数位及位移、谱形及谱带强度、谱带分裂状态项等内容，有助于对宝石的红外吸收光谱进行定性表征，以期获得与宝石鉴定相关的重要信息。

1. 宝石中的羟基、水分子

基频振动（中红外区）作为红外吸收光谱中吸收最强的振动类型，在宝石学中的应用最为广泛。通常将中红外区分为基频区（又称官能团区，$4000 \sim 1500cm^{-1}$）和指纹区（$1500 \sim 400cm^{-1}$）两个区域。自然界中，含羟基和 H_2O 的天然宝石居多，与之对应的伸缩振动致中红外吸收谱带主要集中分布在官能团区 $3800 \sim 3000cm^{-1}$ 波数范围内。而弯曲振动致红外吸收谱带则变化较大，多数宝石的红外吸收谱带位于 $1400 \sim 17000cm^{-1}$ 波数范围内。通常情况下，羟基或水分子的具体波数位置，亦受控于宝石中氢键力的大小。至于具体的波数位，则主要取决于各类宝石内的氢键力的大小与结晶水或结构水相比，吸附水的对称和不对称伸缩振动致红外吸收宽谱带中心主要位 $3400cm^{-1}$ 处。

例，天然绿松石晶体结构中普遍存在结晶水和吸附水，其中由羟基伸缩振动致红外吸收锐谱带位于 3466、$3510cm^{-1}$ 处，而由 ν（M Fe、Cu-OH）伸缩振动致红外吸收谱带则位于 3293、$3076cm^{-1}$ 处，多呈较舒缓的宽谱态展布。同时，在指纹区内显示磷酸盐基团的伸缩与弯曲振动致红外吸收谱带。反之在官能团区域内，吉尔森仿绿松石中明显缺乏天然绿松石所特有的由羟基和水分子伸缩振动致红外吸收谱带，同时显示由高分子聚合物中 νas（CH_2）不对称伸缩振动致红外吸收锐谱带（$2925cm^{-1}$）、νs（CH_2）对称伸缩振动致红外吸收锐谱带（$2853cm^{-1}$），同时伴有 νas（CH_3）不对称伸缩振动致红外吸收锐谱带（$2959cm^{-1}$）。指纹区内，显示碳酸根基团振动的特征红外吸收谱带。测试结果表明，俗称吉尔森法绿松石实属压制碳酸盐仿绿石。

同理，根据助熔剂法合成祖母绿与水热法合成祖母绿的红外吸收光谱中有无水分子伸缩振动致吸收谱带而区分之。助熔剂法合成祖母绿是在高温熔融条件下结晶而成，故其结构通道内一般不存在水分子。而水热法合成祖母绿是在水热条件下结晶生长而成，在其结构通道中往往存在不等量的水分子和少量氯酸根离子（矿化剂）。

2. 钻石中杂质原子的存在形式及类型划分

钻石主要由碳原子组成，当其晶格中存在少量的氮、硼、氢等杂质原子时可使钻石的物理性质如颜色、导热性、导电性等发生明显的变化。基于红外吸收光谱表征，有助于确定杂质原子的成分及存在形式，并视为钻石分类的主要依据之一。

3. 人工充填处理宝玉石的鉴别

由两个或两个以上环氧基，并以脂肪族、脂环族或芳香族等官能团为骨架，通过与固化剂反应生成三维网状结构的聚合物类的环氧树脂，多以充填物的形式，广泛应用在人工充填处理翡翠、绿松石及祖母绿等宝玉石中。环氧树脂的种类很多，并且新品种仍不断出现。常见品种为环氧化聚烯烃、过醋酸环氧树脂、环氧烯烃聚合物、环氧氯丙烷树脂、双 A 酚树脂、环氧氯丙烷-双酚 A 缩聚物、双环氧氯丙烷树脂等。

充填处理翡翠中，环氧树脂中由苯环伸缩振动致红外吸收弱谱带位于 $3028cm^{-1}$ 处，与之对应由 vas（CH_2）不对称伸缩振动致红外吸收谱带位于 $2922cm^{-1}$ 处，而 vs（CH_2）对称伸缩振动致红外吸收锐谱带则位于 $2850cm^{-1}$ 处。利用镜反射附件对底部封镶的天然翡翠饰品（如铁龙生种）红外反射光谱进行测试时，要注意排除粘结在贵金属底托上的胶质物的干扰，因为贵金属底托起到背衬镜的作用，由此反射回的红外光一并穿透胶质物和未处理翡翠样品，有时易显示充填处理翡翠的红外吸收光谱特征。

4. 相似宝石种类的鉴别

不同属的宝石在其晶体结构、分子配位基结构及化学成分上存在一定的差异，依据各类宝石特征的红外吸收光谱有助于鉴别之。日常检测过程中，检验人员时常会遇到一些不透明或表面抛光较差的翡翠及其相似玉的鉴别难题，而红外反射光谱则提供了一个快速无损的测试手段。利用红外反射光谱指纹区内硬玉矿物中 Si-Onb 伸缩振动和 Si-Obr-Si 及 O-Si-O 弯曲振动致红外吸收谱带（经 KK 变换）的波数位置及位移、谱形及谱带强度、谱带分裂状态等特征，极易将它们区分开。

5. 仿古玉的红外吸收光谱

一些仿古玉器在制作过程中，常采用诸如强酸（如 HF 酸）腐蚀或高温烘烤等方法进行老化做旧处理。经上述方法处理的玉器表面或呈白（渣）化、或酸蚀残化（斑）、或牛毛网纹，对其玉质的正确鉴别往往带来一定的难度。利用"漫反射红外附件"有助于对这类老化做旧处理玉器进行鉴别。

第二节　激光拉曼光谱仪

1928 年，印度物理学家拉曼（Raman C. V）首次发现拉曼效应，由此获得诺贝尔物理学奖（1930）。上世纪 60 年代初，激光的问世，给拉曼光谱的产生提供了一种理想的单色光源。70 年代后，单色仪、检测器、光学显微镜和计算机等新技术的发展，极大提高了激光拉曼光谱仪（如图 3-2-1）的测试性能。作为一种微区无损分析和红外吸收光谱的互补技术，拉曼光谱能迅速判断出宝石中分子振动的固有频率，判断分子的对称性、分子内部作用力的大小及一般分子动力学的性质，为宝石鉴定工作者提供了一种研究宝石中分子成分、分子配位体结构、分子基团结构单元、矿物中离子的有序-无序占位等特征的快速、有效地检测手段。

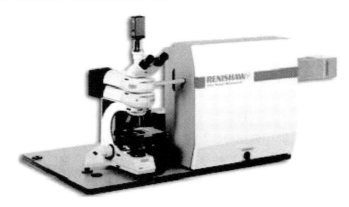

图 4-2　拉曼探针（显微镜）

一、基本原理

　　激光拉曼光谱是一种激光光子与宝石分子发生非弹性碰撞后，改变了原有入射频率的一种分子联合散射光谱，通常将这种非弹性碰撞的散射光谱称之为拉曼光谱。

　　激光光子和分子碰撞过程中，除了被分子吸收以外，还会发生散射。由于碰撞方式不同，光子和分子之间存在多种散射形式。

　　1. 弹性碰撞

　　光子和分子之间没有能量交换，仅改变了光子的运动方向，其散射频率等于入射频率，这种类型的散射在光谱上称为瑞利（Rayleigh）散射。

　　2. 非弹性碰撞

　　光子和分子之间在碰撞时发生了能量交换，即改变了光子的运动方向，也改变了能量，使散射频率和入射频率有所不同。此类散射在光谱上被称为拉曼（Raman）散射。

　　3. 拉曼散射的两种跃迁能量差

　　当散射光的频率低于入射光的频率，分子能量损失，这种类型的散射线称为斯托克斯（Stokes）线；若散射光的频率高于入射光的频率，分子能量增加，将这类散射线称之为反斯托克斯线。前者是分子吸收能量跃迁到较高能级，后者是分子放出能量跃迁到较低能级。

　　由于常温下分子通常都处在振动基态，所以拉曼散射中以斯托克斯线为主，反斯托克斯线的强度很低，一般很难观察到。斯托克斯线和反斯托克斯线统称为拉曼光谱。一般情况下，拉曼位移由宝石分子结构中的振动能级所决定，而与其辐射光源无关。

二、宝石学中的应用

　　1. 宝石中包裹体的成分及成因类型

　　宝石中包裹体的成分和性质对其成因、品种及产地的鉴别具有重要的意义。传统的固相矿物包裹体的鉴定与研究方法是将矿物包裹体抛磨至样品表面，而后采用电子探针分析测试之。而对流体包裹体的研究则主要采用显微冷、热台去观察冷冻和加热过程中，流体包裹体内各物相的变化特征，测定均一温度、低共熔点温度及冷冻温度，最终通过相平衡数据去推断或计算流体包裹体的分子成分、密度，形成温度、压力及盐度等。上述方法均属破坏性测试，显然不适于宝石鉴定与研究。

拉曼光谱具有分辨率和灵敏度较高且快速无损等优点，特别适于宝石内部 $1\mu m$ 大小的单个流体包裹体及各类固相矿物包裹体的鉴定与研究。利用拉曼光谱对桂林水热法合成黄色蓝宝石中流体包裹体进行了测试，确定液相中含有具鉴定意义的碳酸根（矿化剂）成分。再如，利用拉曼光谱对助熔剂合成红宝石和熔合处理红宝石进行了测试，确定助熔剂残余物（晶质体）和次生玻璃体（非晶体）的拉曼谱峰。前者在 $800 \sim 1000cm^{-1}$ 范围内显示一组密集、相对计数强度较高的拉曼锐谱峰。

2. 人工处理宝石的鉴定

近年来，珠宝市场上面市的人工充填处理宝石类型多为人造树脂充填处理翡翠和祖母绿及绿松石、铅玻璃充填处理红宝石和钻石等，宝石裂隙中的各类充填物质给珠宝鉴定人员带来一定的困难。然而，利用拉曼光谱分析测试技术有助于正确地鉴别它们。

例如充填处理翡翠中环氧树脂的拉曼谱峰具体表征为，由苯环伸缩振动致红外吸收弱谱带位 $3069cm^{-1}$ 处，与之对应由 νas（CH_2）不对称伸缩振动致红外吸收谱带位 $2934cm^{-1}$ 处，而 νs（CH_2）对称伸缩振动致红外吸收锐谱带则位 $2873cm^{-1}$ 处。利用拉曼光谱分析测试技术对染色处理黑珍珠和海水养殖黑珍珠的鉴定也获得满意的结果。

3. 相似宝玉石品种的鉴定

自然界中，分布最为广的硅酸盐类宝石的拉曼光谱主要由复杂的硅氧四面体组合基团或基团群的振动光谱组成，由于各硅酸盐类宝石中分子的基团的特征振动频率（Si-O 伸缩振动、Si-O-Si 和 O-Si-O 弯曲振动）存在明显的差异，导致各自拉曼光谱的表征不一。例如，利用拉曼光谱测试技术能有效地鉴别黑色翡翠及其相似玉种，如黑色角闪石质玉、黑色钠铬辉石质玉、黑色蛇纹石质玉及黑色软玉等黑色相似玉种。

第三节 其他大型仪器

一、X 射线荧光光谱仪

自从 1895 年伦琴（Roentgen W.C）发现 X 射线之后不久，莫斯莱（Moseley H.G）于 1913 年发表了第一批 X 射线光谱数据，阐明了原子结构和 X 射线发射之间的关系，并验证出 X 射线波长与元素原子序数之间的数学关系，为 X 射线荧光分析奠定了基础。1948 年由弗里特曼和伯克斯设计出第一台商业用波长色散 X 射线光谱仪。自上世纪 60 年代后，由于电子计算机技术半导体探测技术和高真空技术日新月异，促使

X射线荧光分析技术的进一步拓展。X荧光分析是一种快速、无损、多元素同时测定的现代测试技术，已广泛应用于宝石矿物、材料科学、地质研究、文物考古等诸多领域。

由于X射线荧光光谱仪适用于各种宝石的无损测试，具有分析的元素范围广，从4Be到92U均可测定；荧光X射线谱线简单，相互干扰少，样品不必分离，分析方法比较简便；分析浓度范围较宽，从常量到微量都可分析，重元素的检测限可达到ppm量级，轻元素稍差；分析快速、准确、无损等优点，近年来受到世界各大宝石研究所和宝石检测机构所重视并加以应用：

1. 鉴定宝石种属

自然界中，每种宝石具有其特定的化学成分，采用X射线荧光光谱仪易分析出所测宝石的化学元素和含量（定性——半定量），从而达到鉴定宝石种属的目的。

2. 区分某些合成和天然宝石

由于部分合成宝石生长的物化条件、生长环境、致色或杂质元素与天然宝石之间存在一定的差异，据此可作为鉴定依据。如早期的合成欧泊中有时含有天然欧泊中不存在的Zr元素；合成蓝色尖晶石中存在Co致色元素，而天然蓝色尖晶石中存在Fe杂质致色元素；采用焰熔法合成的黄色蓝宝石中普遍含有天然黄色蓝宝石中缺乏的Ni杂质元素；合成钻石中有时存在Fe、Ni或Cu等触媒剂成分等。

3. 鉴别某些人工处理宝玉石

采用X射线荧光光谱仪有助于快速定性区分某些人工处理宝石，如近期珠宝市场上面市的Pb玻璃充填处理红宝石中普遍富含天然红宝石中几乎不存在的Pb杂质元素；同理，熔合再造处理翡翠中富含天然翡翠中不存在的Pb杂质元素；有些染色处理黑珍珠中富含Ag元素。

二、电子探针

电子探针（EPMA）（如图3-3-1）又称X射线显微分析仪，它利用集束后的高能电子束轰击宝石样品表面，并在一个微米级的有限深度和侧向扩展的微区体积内激发，并产生特征X射线、二次电子、背散射电子、阴极荧光等。现代的电子探针多数配有X射线能谱仪，根据不同X射线的分析方法（波谱仪或能谱仪），可定量或定性地分析物质的组成元素的化学成分、表面形貌及结构特征，为一种有效、无损的宝石化学成分分析方法。在宝石学中具有如下应用：

1. 点分析

即对宝石表面或露出宝石表面的晶体包裹体选定微区作定点的全谱扫描，进行定量、定性或半定量分析。首先用同轴光学显微镜进行观察，将待分析的宝石样品微区移到视野中心，然后使聚焦电子束固定照

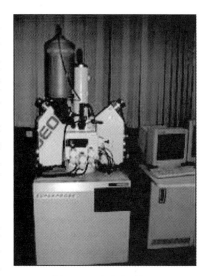

图4-3 电子探针

射到该点上，这时驱动谱仪的晶体和检测器连续地改变 L 值，记录 X 射线信号强度 I 随波长的变化曲线。通过检查谱线强度峰值位置的波长，即可获得所测微区内含有元素的定性结果，测量对应某元素的适当谱线的 X 射线强度就可以得到这种元素的定量结果。

2. 面扫描分析

聚焦电子束在宝石表面进行光栅式面扫描，将 X 射线谱仪调到只检测某一元素的特征 X 射线位置，用 X 射线检测器的输出脉冲信号控制同步扫描的显像扫描线亮度，在荧光屏上得到由许多亮点组成的图像。亮点就是该元素的所在处。根据图像上亮点的疏密程度就可确定某元素在试样表面上分布情况，将 X 射线谱仪调整到测定另一元素特征 X 射线位置时就可得到那一成分的面分布图像。电子探针面扫描分析有助于探讨宝石中化学元素在空间上的配比与分布规律。

3. 线扫描分析

在光学显微镜的监视下，把样品要检测的方向调至 X 或 Y 方向，使聚焦电子束在宝石的生长环带或色带的扫描区域内沿一条直线进行慢扫描，同时用计数率计检测某一特征 X 射线的瞬时强度。若显像管射线束的横向扫描与试样上的线扫描同步，用计数率计的输出控制显像管射线束的纵向位置，这样就可以得到特征 X 射线强度沿试样扫描线的分布特征。EPMA 线扫描分析有助于探讨宝石中化学元素在空间上的变化规律。

4. 表面微形貌分析

二次电子是电子束轰击到试样时逐出样品浅表层原子的核外电子，由于一定能量的电子束所逐出的二次电子的激发效率和样品元素的电离能以及电子束与样品的夹角有关，因此根据二次电子的强度可作形貌分析。

三、紫外可见分光光度计

紫外–可见吸收光谱是在电磁辐射作用下，由宝石中原子、离子、分子的价电子和分子轨道上的电子在电子能级间的跃迁而产生的一种分子吸收光谱。具不同晶体结构的各种彩色宝石，其内所含的致色杂质离子对不同波长的入射光具有不同程度的选择性吸收，由此构成测试基础。按所吸收光的波长区域不同，分为紫外分光光度法和可见分光光度法，合称为紫外–可见分光光度法。在宝石学中具有如下应用：

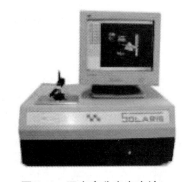

图 4-4　双光束分光光度计

1. 检测人工优化处理宝石

例 1，利用直接透射法或反射法，能有效地区分天然蓝色钻石与人工辐照处理蓝色石钻，前者由杂质硼原子致色，紫外可见吸收光谱表征为，从 540nm 至长波方向，可见吸收光谱的吸收率递增。后者则出现 GI_1 心/741nm（辐射损伤心），并伴有 $N^{2+}N^3$/415nm（杂质氮原子心）吸收光谱。

例 2，利用反射法，能有效地区分天然绿松石与人工染色处理绿松石，前者由 Fe、Cu 水合离子致色，在可见吸收光谱中显示宽缓的吸收谱带（$Cu^{2+}:^2E\rightarrow^2T_2$；$Fe^{3+}:^6A_1$

$\rightarrow {}^4E + {}^4A_1$ ），后者则无或微弱。

2. 区分某些天然与合成宝石

例，水热法合成红色绿柱石显示特征的 Co、Fe 元素致可见吸收光谱。反之，天然红色绿柱石仅显示 Fe 及 Mn 元素致可见吸收光谱。

3. 探讨宝石呈色机理

例，山东黄色蓝宝石中，Fe^{3+} 为主要的致色离子，在其紫外可见吸收光谱中 $O^{2-} \rightarrow Fe^{3+}$ 电荷转移带尾部明显位移至可见光紫区，并与 Fe^{3+} 晶体场谱带部分叠加。据此认为，山东黄色蓝宝石的颜色，是由于 $O^{2-} \rightarrow Fe^{3+}$ 电荷转移与 Fe^{3+} 的 d-d 电子跃迁联合作用所致。

四、阴极发光仪

从阴极射线管发出具有较高能量的电子束激发宝石矿物的表面，使电能转化为光辐射而产生的发光现象，称之为阴极发光。阴极发光指作为宝石的一种无损检测方法，近年来在宝石的测试与研究中得到了较广泛的应用。

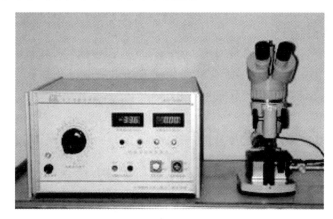

图 4-5　宝石阴极发光仪

近几年，阴极发光技术在宝石鉴定和研究领域的用途获得了很大发展。它不但可用来区分天然和合成钻石，还可用以鉴别天然与合成祖母绿、天然翡翠和处理翡翠及合成红、蓝宝石等。在宝石学中具有如下应用：

1. 区分天然与合成红宝石

在电子束的激发下，焰熔法和晶体提拉法合成红宝石发很强的亮红色光，并显示特征的弧形生长纹结构；水热法（泰罗斯）合成红宝石显示微波纹状生长纹结构；反之，天然红宝石多发中等强度的深红色或紫红色光，并显示六方生长环带或角状生长带。

2. 区分天然与合成钻石

阴极发光技术最成功的应用就是能迅速有效地区分天然和合成钻石。基由生长环境的不同，天然钻石和合成钻石在生长结构上存在着显著的差异。通常情况下，首饰用的天然钻石晶体主要为八面体、菱形十二面体单形，合成钻石晶体则发育为相对复杂的由八面体、立方体、菱形十二面体和四角三八面体等单形组成的聚形。这样在合成钻石晶体中就形成多个生长分区，不同生长区的生长速度不等，且所含的杂质成分（如 N）的含量也不尽相同，因而在阴极发光仪下显示与天然钻石截然不同的生长分区结构。

在电子束激发下，天然钻石多发出相对均匀的中强蓝色-灰蓝色光，并显示规则或不规则的生长环带结构；由于合成钻石晶体多以聚形（八面体和立方体）为主，在不同的生长区则发出不同颜色的光，并显示几何对称的生长分区结构，如｜100｜生长区发黄绿色光，分布于其中四个角顶，呈对称分布，为十字交叉状。籽晶幻影区发黄色光（或弱发光），位于晶体中心呈正方形。而｜111｜生长区呈环带分布。

3. 区分天然和处理翡翠

根据发光结构的不同，有助于区分天然翡翠和处理翡翠。在电子束的激发下，天然翡翠显粒状变晶发光结构，呈紧密镶嵌，晶粒发育较完整，偶显环带发光结构。部分具碎裂结构的天然翡翠中，其粒间似胶结物质（碎基）的发光强度远大于主晶。反之，充填处理翡翠呈典型的碎粒/充填发光结构，碎粒间隙充填物基本不发光。

复习思考题

1. 研究型仪器有何宝石学意义？
2. 有哪些测定宝石化学成分的仪器？各有什么特点？
3. 有哪些测定宝石物相的仪器？其原理是什么？
4. 宝石测试技术最新进展的特点是什么？

第五章　市场常见宝石检测技术

第一节　钻　石

一、钻石的基本特性

钻石（Diamond）是指宝石级的金刚石，主要是由碳元素组成的等轴晶系天然矿物。摩氏硬度为 10，密度为 3.52（±0.01）g/cm³，折射率 2.417，色散 0.044。此外，钻石还具有高热导性、强抗腐蚀性等特点。

二、钻石的基本鉴定特征

1. 高硬度

钻石是天然物质中最坚硬的物质，钻石可刻划任何其他宝石，但其他任何宝石却都刻划不动钻石。也可以用"标准硬度计"刻划，凡硬度小于 9 度，均是假钻石。

2. 亲油性斥水

如以油性笔在钻石表面划一条线，则成一条连续不断的直线，而其他宝石则呈断断续续的间断线。

3. 切磨质量

放大观察，由于钻石的高硬度，切磨好的钻石的面棱非常尖锐；多个刻面相交的顶点非常尖锐；刻面非常的平整，即常说的面平棱直。钻石一般仿制品则相反，刻面抛光不精致，刻面棱、角圆滑。

4. 强火彩

钻石具有高色散 0.044，其的表面有"红、橙、蓝"等色的火彩，光芒四射，如图 5-1。

5. 热导仪

根据其高导热率：7 ~ 25W/cm·K，目前所知导热率最大的材料，利用热导仪来区分真假钻石，热导仪发出蜂鸣声为真钻。

6. 透视试验

标准切工的圆多刻面型样品台面朝下放在一张印有字迹

图 5-1　钻石的火彩
（彩图 23）

或线条的白纸上，视线垂直白纸观察，钻石不会有字、线透过，而钻石的仿制品可观察到断断续续的，不同外形的字、线。图5-2。

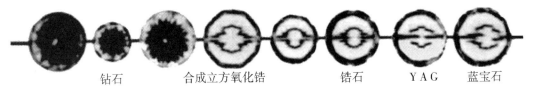

钻石　　　合成立方氧化锆　　　锆石　　　ＹＡＧ　　蓝宝石

合成金红石　　人造钛酸锶　　　　ＧＧＧ

图5-2　钻石仿制品的透视试验

7. 晶面花纹

钻石的表面，特别是在腰棱位置残留的原始晶面上有纹理、蚀象、生长丘等特征。

8. 解理裂隙

钻石有与解理有关的"须状腰"、"Ｖ"形缺口、"羽状纹"等，钻石仿制品没有这些特征。

9. 包裹体

天然钻石可含有各种矿物包裹体，而钻石仿制品大多是人工宝石，没有矿物包裹体，而是气泡、针状物等（图5-3）。

钻石的晶体包裹　　　　钻石的生长纹　　　合成碳硅石的刻面重影和针状包裹体

图5-3　天然钻石与钻石仿制品包裹体的差别（彩图24）

一、钻石及其仿制品的鉴别

由于钻石是高贵豪华的首饰品，目前市场上以廉价宝石、人造宝石甚至玻璃来代替，冒充钻石的情况屡见不鲜，市场上常见的仿钻石有合成立方氧化锆、合成氮硅石、合成无色蓝宝石、无色锆石、人造钇铝榴石、人造钆镓榴石、人造钛酸锶等，这些仿制品和钻石在物理性质上有很大的差异，可以从外观特征、简单的仪器测试来识别，各项特征汇总在表5-1中。

表 5-1 钻石及仿制品的特征

宝石名称	化学成分	晶系	折射率/双折率	色散	密度（g/cm³）	硬度	其他鉴定特征
钻石	C	等轴	2.417	0.044	3.52	10	导热性好
合成碳硅石	SiC	六方	2.65～2.69/0.043	0.104	3.20-3.22	9.25	针状包体，重影明显，导热性好
合成立方氧化锆	ZrO_2	等轴	2.15	0.060	5.89	8.5	偶见气泡或未熔ZrO_2粉末
人造钇铝榴石	$Y_3Al_3O_{12}$	等轴	1.83	0.028	4.58	8.5	洁净，偶见气泡
人造钆镓榴石	$Gd_3Ga_5O_{12}$	等轴	1.97	0.045	7.05	6	气泡
人造钛酸锶	$SrTiO_3$	等轴	2.41	0.190	5.13	5.5	抛光性差，色散强
合成金红石	TiO_2	四方	2.61～2.90	0.300	4.2～4.3	6.5	重影明显
合成尖晶石	$MgAl_2O_4$	等轴	1.727	0.020	3.63	8	斑状异常消光
铅玻璃	SiO_2	/	1.63～1.96	0.031	3.74	5	气泡
锆石	$ZrSiO_4$	四方	1.93～1.99	0.039	3.90～4.73	7.5	刻面棱重影明显
无色合成蓝宝石	Al_2O_3	三方	1.76～1.77	0.018	3.95～4.10	9	洁净

另外常见的仿钻有：

1. 锆 石

与钻石极为相似，是钻石最佳代用品。鉴定方法是，锆石由于具有偏光性和很大的双折射率，当用 10 倍放大镜观察加工后的锆石棱面时，由其顶面向下看，可以看出底部的棱线有明显的双影，而钻石绝无双影现象。

2. 玻 璃

玻璃的折光率很低，尤其是沉入水中，玻璃制品光彩全无，没有钻石那种闪烁的彩色光芒；玻璃多有气泡、旋涡纹等包体。

3. 苏联钻

即立方氧化锆，最早由苏联人研制成功，故名。苏联钻是人造化合物，但在色散、折光率等方面与天然钻石很接近，也具有"火"光闪闪的诱人外貌。但它的硬度较低

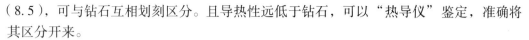

（8.5），可与钻石互相划刻区分。且导热性远低于钻石，可以"热导仪"鉴定，准确将其区分开来。

4. 水　晶

水晶虽然是天然矿物透明晶体，但火彩弱；硬度低。

四、钻石及合成钻石的鉴别

合成钻石有高温高压和化学气相沉淀两种方法，现在已经由针对珠宝目的的商业生产。

天然钻石与合成钻石的区别列于表5-2中。

表 5-2　　　　　　　　　天然钻石与合成钻石的区别

鉴定特征	天然钻石	合成钻石
晶体形态	八面体，凸晶。菱形十二面体或它们聚形，不规则形态。	八面体和立方体聚形，晶形完美，晶面平直、晶棱锐利。
吸收光谱	415nm 特征吸收线，除此之外还有 423nm、435nm、478nm 吸收谱线。	缺失 415nm 吸收线，有时出现 470nm ~ 700nm 宽吸收带。
异常双折射	带状、波状、斑块状，格子状异常消光。	不显示或弱的异常消光。
内含物	天然矿物包裹体，如钻石、石榴石、透辉石等。	Fe-Ni 合金包裹体，呈棒状、针状、片状等。
色带	颜色均匀，难见色带，有时可见平行分布的斑块状色带	颜色不均匀，蓝色、黄色合成钻石显示四边形、八边形、柱状等色带和色区。
发光性	LW 无成蓝白、黄等各色荧光。SW 不显示或弱的荧光。	LW 无荧光或黄-黄绿色荧光。SW 黄-黄绿色荧光，强于 LW 荧光。
阴极发光	可以产生蓝白色荧光，且颜色和发光强度均匀一致。	阴极发光图像具有 X 形状。

五、优化处理钻石的鉴别

钻石的优化处理技术是提高钻石价值的重要手段，方法主要有辐照与加热处理、激光打孔、充填处理、覆膜处理和高温高压处理。钻石人工优化处理的主要目的是改善钻石的颜色，提高钻石的净度。

1. 辐照处理

用高能射线、中子束、高能电子束照射钻石，提供激活电子、原子发生位移的能量，使晶体产生缺陷，形成色心。辐照后的钻石呈绿色，通过加热形成黄色、金黄色、粉红色。辐照处理钻石的鉴定难度很大，除了观察颜色分布的特征外，还要运用 UV-VIS 分光光度计、红外光谱等谱学特征来识别。

2. 高温高压处理

钻石在高温高压的条件，经过退火作用修复褐黄色、棕黄色、褐色的 Ⅱa 型的钻石晶体缺陷，使钻石退色形成高色级的无色钻石，称为 GE-POL 钻石；或者使 Ⅰa 型钻石产生黄绿色、蓝绿色，形成彩色钻石，成为 NOVA 钻石。GE-POL 钻石鉴定的难度大，要通过红外光谱、拉曼光谱和阴极发光特征区分。NOVA 钻石多有特征的黄绿色紫外荧光，较易识别。

3. 激光钻孔

对含有黑色包裹体的钻石，用激光烧出抵达包体的通道，再用强酸溶蚀黑色包裹体，改善钻石的外观。鉴别特征有：白色的激光钻孔孔道，表面钻孔入口的黑点（图5-4）。

图 5-4　激光钻孔钻石的特征（彩图 25）

4. 充填处理

用高折射率的铅玻璃或者塑脂注入钻石的裂隙和孔洞中，掩盖裂隙，改善钻石的外观。

充填处理鉴别的主要特征是闪光效应。图 5-5。

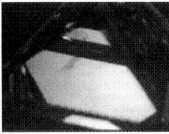

图 5-5　充填处理钻石内部闪光效应

复习思考题

1. 简述钻石及其优化处理品的鉴定特征。

2. 如何快速区分钻石、无色蓝宝石、无色锆石、水晶、无色托帕石、玻璃、无色 CZ。

第二节　红宝石和蓝宝石

一、红宝石及相似宝石的鉴别

红宝石的仿制品品种很多，可以说各种红色的宝石品种都可称为红宝石的仿制品。在外观上与红宝石相似宝石主要有红色尖晶石、红色石榴石、红色电气石、红色绿柱石、红色锆石、红柱石、红玻璃及红宝石拼合石。具体如表5-3。

表5-3　　　　　　　　　　　红宝石及相似宝石的区别

鉴别特征	红尖晶	红镁铝	红铁铝	红碧玺	红绿柱石	红玻璃	拼合石
颜色	红、粉红	深红、浅黄红、浅粉红	深红、褐红、紫红	紫红、桃红、粉红	粉红、红	红、深红	①光泽差异 ②冠部与底部的 RI 不同
H	8	7.25	7.5	7～7.5	7.25～7.75	4～7	
RI	1.712～1.73	1.74～1.756	1.76～1.80	1.62～1.65	1.56～1.59	1.44～1.70	
DR	无	无	无	0.014～0.021	0.004～0.009	无	③拼合缝、拼合面、压扁气泡、胶 ④冠部与底部包体不同
光性	均质体	均质体	均质体	U（-）	U（-）	均质体	
光轴图	无	无	无	黑十字	黑十字	无	
多色性	无	无	无	强，体色变化	明显，红/粉红；	无	
SG	0.60±	3.7～3.8	3.8～4.2	3.01～3.11	2.7～2.9	2.0～4.2	
紫外荧光	深红色	红色	无	蓝色、淡紫色	粉红色	SW：可见见白垩色	
放大观察	八面体晶体包体、矿物包体、羽毛状包体	针状、圆形雪球状小晶体包体	纤维状、针状包体、矿物包体、"锆石晕"	管状、针状、液态包体	气液包体、三相包体、矿物包体、管状包体、羽裂	各种气泡、流动构造	

1. 与红色尖晶石的区别

红色尖晶石颜色与红宝石极为相似，但红尖晶石常常带有褐色色调；没有多色性；偏光下全消光（全暗），有时显示波状异常消光现象；折射率值1.72，小于红宝石的1.77，并且没有双折射率；相对密度值小于红宝石；吸收光谱缺少蓝区的三条吸收线；荧光呈红色但较红宝石弱；显微镜下可见八面体状的晶体包体或负晶。

2. 与石榴石的区别

石榴石颜色通常较红宝石深，呈褐红-暗红色，镁铝榴石有时呈浅黄红、浅粉红色；偏光镜下全消光，但有时呈现四明四暗的异常现象；石榴石无二色性也无荧光；镁铝榴石和铁铝榴石光谱都与红宝石的光谱不同，没有693nm的荧光发射线；显微镜下石榴石的针状金红石针二组近直角相交，另一组不在该平面内，而红宝石内三组金红石针呈现出120°或60°夹角。

3. 与红色碧玺的区别

红色碧玺为桃红色并带有褐色或橙色色调；二色性极为明显，为深红/浅红，红宝石的二色性为红/橙红；红色碧玺的折射率值1.620到1.640和相对密度值3.05明显小于红宝石；双折射率0.014~0.020大于红宝石；在偏光下可见黑十字光轴图；在显微镜甚至放大镜下适当方向可见到红色碧玺的后刻面棱重影；红色碧玺还具有针状和管状以及不规则状的扁平状液态包体。

4. 与红色绿柱石的区别

红色绿柱石的折射率值和相对密度值明显低于红宝石，故光泽比红宝石光泽弱，没有特征吸收谱和荧光。

5. 与红色锆石的区别

红色锆石颜色通常不够鲜艳和纯正，总带有褐色或灰褐色，外观与优质红宝石差异较大；折射率值由于超过折射仪的测试范围而无法测到；锆石的相对密度较高，掂重明显大于红宝石；锆石通常显示653.5nm的特征吸收谱；无紫外荧光；放大镜下或显微镜下很容易观察到锆石的后刻面棱的重影；由于宝石脆性大也常见宝石腰棱及刻面棱的磨损和缺口。

6. 与红玻璃的区别

玻璃为常见的仿制品，在偏光镜下全消光或黑十字异常消光；折射率值不定，通常为1.45~1.70之间，偶尔会大于1.70，通常小于红宝石的1.77；相对密度多变，在2.60左右，也小于红宝石的4.00；吸收光谱可能除红色外全吸收，也可能在黄、绿区吸收显示稀土谱；显微镜下可见气泡、漩涡纹等内部特征。

另外，红宝石的典型吸收光谱能与其仿制品进行区分。图5-6。

二、蓝宝石及相似宝石的鉴别

与蓝宝石相似的宝石有蓝色尖晶石、蓝锥矿、堇青石、黝帘石、蓝色电气石、蓝玻璃及蓝宝石拼合石。具体见表5-4，拼合石鉴别特征同红宝石拼合石。

1. 与蓝色尖晶石的区别

与蓝宝石物理参数不同，只有一个折射率值（1.718），偏光下全消光，无二色性，

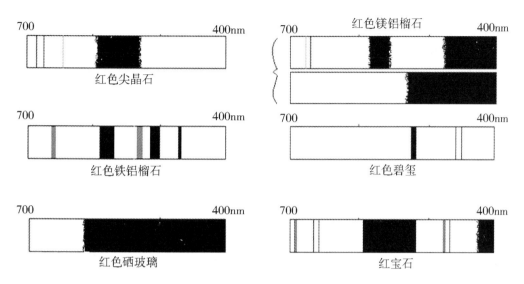

图5-6　红宝石及相似宝石吸收光谱

在黄区、绿区、蓝区有4条铁吸收谱，内部有八面体晶体包体和负晶。

2. 与蓝锥矿的区别

蓝锥矿颜色特征与蓝宝石相似，但具强多色性，通常顶刻面观察为蓝色，平行腰棱观察为无色，与蓝宝石蓝绿色或绿蓝色明显不同。蓝锥矿的双折射率很大，达0.047，而且为正光性，显微镜下刻棱重影明显。蓝锥矿色散很强（0.066），虽然部分被体色所掩盖，但切工优良的蓝锥矿显示生动的外观。此外，蓝锥矿在短波紫外光下具亮蓝色荧光，而蓝宝石为惰性或弱荧光。

3. 与堇青石的区别

堇青石折射率值较低（1.54～1.55），宝石表面光泽较蓝宝石弱，相对密度值（2.65），在3.32的重液中上浮而蓝宝石下沉。肉眼可见明显的多色性，顶刻面通常为蓝色，另二个方向为蓝紫色和浅黄色。与蓝宝石不同，堇青石可能在黄区、绿区和蓝紫区有吸收带。

4. 与黝帘石的区别

黝帘石的蓝到紫色品种为坦桑黝帘石，它具有强的三色性分别为蓝色、紫色和绿色，热处理的黝帘石仅呈现蓝色和紫色。黝帘石相对密度值3.35较蓝宝石低，在3.32的重液中缓慢下沉，而蓝宝石则迅速下沉。黝帘石折射率1.70左右比蓝宝石小很多。

5. 与蓝色碧玺的区别

蓝色碧玺为灰蓝色，二色性极为明显，为蓝/浅蓝，蓝宝石的二色性为蓝/蓝绿；碧玺的折射率值1.620到1.640和相对密度值3.05明显小于蓝宝石；双折射率0.014～0.020大于蓝宝石，在显微镜甚至放大镜下适当方向可见到碧玺的后刻面棱重影。

6. 与蓝色玻璃的区别

玻璃为常见的仿制品，在偏光镜下全消光或黑十字异常消光；折射率值不定，通常为 1.45 ~ 1.70 之间，偶尔会大于 1.70，通常小于蓝宝石的 1.77；相对密度多变，在 2.60 左右，也小于蓝宝石的 4.00；吸收光谱可在黄、绿区吸收显示稀土谱；显微镜下可见气泡、漩涡纹等内部特征。

表 5-4 蓝宝石及相似宝石的鉴别

鉴别特征	蓝尖晶	蓝锥矿	堇青石	坦桑黝帘石	蓝玻璃
颜色	蓝色、灰蓝、紫蓝	紫蓝、蓝色、浅蓝	蓝、紫蓝	蓝色、紫蓝	蓝、艳蓝、天蓝等
H	8	6 ~ 7	7 ~ 7.5	8	4 ~ 6
RI	1.712 ~ 1.730（1.718 常见）	1.75 ~ 1.80	1.542 ~ 1.551	1.69 ~ 1.70	1.44 ~ 1.70
DR	无	0.047	0.008 ~ 0.012	0.008 ~ 0.013	无
光性	均质体	U（+）	B（-）	B（+）	均质体
光轴图	无	黑十字	黑臂	黑臂	无
多色性	无	强，蓝色/无色	强，浅蓝/稻草黄/紫蓝	强，蓝/紫/无色	无
SG	3.60±	3.68±	2.61±	3.35	2.0 ~ 4.2
紫外荧光	无	SW：强，蓝白色	无	无	SW：可能见到白垩色
放大观察	八面体晶体包体（负晶）、矿物包体、羽毛状包体	色带、后刻棱双影	颜色分带、气液包体	气液包体、阳起石、石墨	各种气泡、流动构造
其他	吸收光谱	色散：0.044	吸收光谱	吸收光谱	吸收光谱

三、合成红、蓝宝石及鉴别

1. 焰熔法合成红、蓝宝石的鉴别

（1）外　观

焰熔法合成红宝石的颜色最常见为鲜红色和粉红色，纯正、艳丽，而且透明、洁净，通常过于完美。焰熔法合成蓝宝石有多种颜色，产生颜色杂质元素可与天然的不同。

（2）弯曲生长纹

弯曲生长纹是由于合成红宝石的生长过程中熔滴汇成的熔融层往往呈弧面状，并且逐层冷凝而造成的（图 5-7）。颜色深的蓝宝石中也可以观察到弯曲生长纹，但是，在浅色的，例如黄色品种中，很难发现弯曲生长纹。

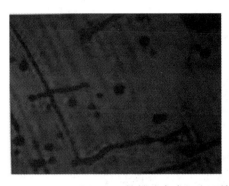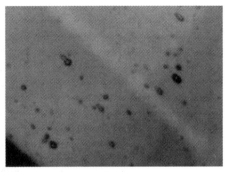

图5-7　焰熔法合成红宝石的弯曲生长纹和气泡（彩图26）

（3）气　泡

焰熔法合成红蓝宝石的另一个重要特征是含有气泡（图5-7），气泡通常很小，在低倍放大镜下成黑点状，如果气泡较大，高倍放大能分辨出气泡的轮廓，常呈球形，椭圆形或蝌蚪形，气泡多时会成群呈带状分布。

（4）多色性

天然红宝石尤其是大颗粒优质红宝石，顶刻面的取向一般是垂直结晶 C 轴的，用二色镜从台面观察看不到多色性。而焰熔法合成红宝石作为低廉的红宝石仿制品，在加工中不注意取向，从台面观察常能见到红和橙红色的二色性。

（5）发光性

天然红宝石和合成红宝石在紫外光下发生红色荧光，但由于合成宝石成分较纯，紫外荧光通常比天然红宝石强。天然蓝色蓝宝石在紫外光下常呈惰性，而焰熔法合成蓝宝石在短波紫外光下可能显示淡蓝-白色或淡绿色荧光、合成的无色蓝宝石在短波下有淡蓝色荧光、合成的绿色蓝宝石在长波紫外光下可具橙色荧光、合成的橙色蓝宝石在长波紫外光下显淡红色荧光。

（6）吸收光谱

焰熔法合成的蓝色、绿色和黄色蓝宝石通常缺少天然蓝宝石中清晰可见的450nm吸收线，有时仅表现为模糊不清的极弱吸收带。合成变色蓝宝石具有475nm处的极细的 由 V^{3+} 离子产生的吸收线，也可因含少量 Cr 而叠加有 Cr 的吸收光谱。合成红宝石的吸收光谱和天然的相同，相对更明显。

（7）火　痕

合成红宝石由于价廉，加工常不够精细，可因过快的抛光造成表面上雁行状排列的细小裂纹，称为火痕。

（8）普拉托效应

对于焰熔法缺少弯曲生长线的合成红、蓝宝石，在用其他常规方法无法确定时，可以采用普拉托测试法。具体操作方法是：将宝石浸泡在二碘甲烷中，在正交偏光下，沿宝石晶体的光轴方向放大20至30倍进行观察，焰熔法合成的刚玉宝石可能显示交角为

60℃的条带状构造（图5-8）。据报道坦桑尼亚某些天然红宝石也能观察到这样的现象。

2. 焰熔法合成星光红、蓝宝石

焰熔法合成的星光红、蓝宝石具有典型易于识别的特征：

（1）弯曲生长带

焰熔合成星光红、蓝宝石弯曲生长带的弯曲生长线相当明显，成粗大的色带，易于在宝石的侧面观察到，尤其用聚光透射照明之下，肉眼即可见。弯曲生长带往往含有细小密集的气泡。天然星光红蓝宝石也常见色带，但色带是平直的或带弯角的。

（2）星线特征

焰熔法合成星光红、蓝宝石的星线细长、清晰、完整，贯穿整个弧面型宝石表面（图5-9），而天然星光红、蓝宝石的星线常常较粗，从中心向外逐渐变细，星光中部显示一团光斑，俗称宝光。

（3）金红石针

焰熔法合成的星光红、蓝宝石的金红石针相当细小，而且密集，如同白色纤维，要在40倍的放大下，才能观察到。而天然星光红、蓝宝石中的金红石针则较粗大，在10倍放大条件下就能清楚地分辨出金红石针的形态。

3. 提拉法合成红宝石

提拉法合成红宝石的特征与焰熔法合成红宝石有相似之处，例如合成红宝石通常十分干净，有时可观察到弯曲的生长纹，以及与之相伴的微小气泡。小气泡必须在暗域下观察，可见小气泡亮点组成平行并略为弯曲的"雨点"状图案（图5-10）。

4. 提拉法合成星光红、蓝宝石

用提位法合成星光红、蓝宝石似乎只有我国上海的一家公司于90年代初投

图5-8　普拉托效应（彩图27）

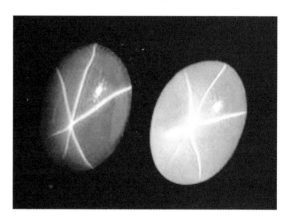

图5-9　合成星光红宝石和蓝宝石（彩图28）

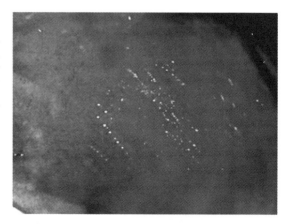

图5-10　提拉法合成红宝包体（彩图29）

入市场。提拉法合成的星光红宝石或蓝宝石，在外观上与天然星光红、蓝宝石更为相似，例如星光不那么清晰。特征如下：

（1）外　观

颜色多为粉红至浅红色，半透明，透明度较焰熔法的高，同时星线不如焰熔法的明显清晰，也易出现所谓的"宝光"，在外观上比焰熔法的更接近天然星光红、蓝宝石。

（2）弯曲生长纹

弯曲生长纹呈颜色浓度不一的条带，相当粗大，用肉眼即可从宝石的侧面观察到。

（3）色　带

除了与弯曲生长纹相伴的色带外，提拉法合成星光红宝石往往还有更大范围的色带，弧面型宝石的中央与外围的颜色存在差异，中央部分颜色较深，外围颜色较浅，但色带仍然是弧线型的，不同于天然的平直色带。

5. 助熔剂法合成红、蓝宝石

助溶剂合成红、蓝宝石的重要特征如下：

（1）外　观

助溶剂合成红、蓝宝石的颜色与天然红、蓝宝石相似，可有各种色调的红色和蓝色，透明度根据合成的质量从半透明到透明，单颗宝石通常都具有内含物，尤其是各种形态的愈合裂隙，外观上与天然宝石十分相似。

（2）助溶剂残余包裹体

助溶剂包体可呈单个的管状包体，负晶，或者聚集成栅栏状存在于合成红宝石中，此外，还常见微小的助溶剂包体可呈雨点状、网格状、彗星状等形态。微小的助溶剂包体往往很难放大到可以观察其结构的程度，与热处理充填的硼酸盐很像，反射光照射呈橙色或银白色疙瘩状，透射光照射下透明度差，甚至不透明，形态不规则故认识其可能出现分布图式也是非常重要的。

（3）面纱状愈合裂隙

助溶剂法合成红、蓝宝石，由于内应力等原因，在生长过程中会自发产生不规则的裂隙，这些裂隙通常又在随后晶体的继续生长中得以愈合，通常呈面纱状（图5-11），其上分布了大量的呈指纹状、网状或树枝状的助溶剂包体。天然红宝石也会出现不规则的面纱状愈合裂隙，但其上分布的是气液包体。另外，天然红宝石常常会发育裂理裂隙，裂理裂隙比较平直，并往往有多个裂隙互相平行，这种特征是助溶剂法或其他方法合成红、蓝宝石所没有的。

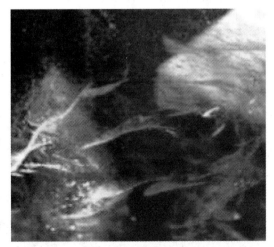

图5-11　面纱状愈合裂隙（彩图30）

（4）铂金片

在部分助溶剂合成宝石中可见到从铂坩埚溶蚀又重结晶的铂金片，它们常具有三角形、六边形、长条形或不规则的多边形，容易与天然宝石中的黑云母矿物包体相混，黑云母在宝石中通常呈片状，透射光下透明，晶体表面常有结晶纹。铂金片在透射光下不透明，反射光下显示银白色明亮的金属光泽。

（5）色带和生长带

助熔剂合成红、蓝宝石中可见直线状、角状生长环带，这些特征与天然红、蓝宝石中的色带，在外观上是一致的。

（8）发光性

助溶剂红宝石有较强的红色荧光，对红宝石的鉴定可起到指示作用，拉姆拉合成红宝石加入了某些稀土元素，具特殊的橙红色荧光。少数样品可能显示蓝白色荧光。

助熔剂合成蓝宝石中的助溶剂残余在紫外光下可显示粉红、黄绿和棕绿色等多种荧光，以至于合成蓝宝石也显示出这些荧光特征。而天然蓝宝石多表现为惰性或暗红色荧光。

（9）微量元素

可测到 Pb、Bi、La。

6. 水热法合成红蓝宝石

虽然水热法合成红蓝宝石的生长条件，更接近于天然红蓝宝石的生长环境，但是，由于生长技术等方面的原因，水热法合成红蓝宝石具有许多典型的特征，可与天然红蓝宝石区别。

（1）外　观

水热法合成红、蓝宝石有深红色、浅红、橙红色，蓝色、蓝紫色等，透明度一般较高，但受晶体质量的影响，当包裹体多时，透明度就会受到影响。

（2）内含物

种晶像晶体包体及围绕的愈合裂隙；铂金片（黄金片）：具有金属光泽，反射光照为银白色反光，透射光照为不透明黑色，易与云母片相混；有典型的近于平行状、波浪状的纹理水波纹状生长带（图5-12）；液态包体和平直生长色带无法与天然区分，发育有面纱状的愈合裂隙（图5-13），并在愈合裂隙上分布有形态各异的气液两相包裹体。

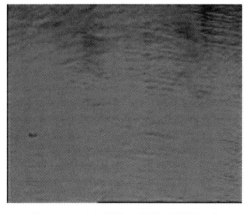

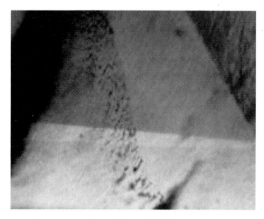

图5-12　水波纹状生长带（彩图31）　　　　图5-13　愈合裂隙和水波纹（彩图32）

（3）微量元素

无典型微量元素，极少量的 Cu、Fe、S、Na、K。

（4）水（H_2O）

水热法合成红宝石含有较多的水，在红外光谱上。其水的红外吸收峰远大于天然产出的红宝石，具极强的水峰 3300 波数 是水热法合成红宝石的一个重要的鉴定特征。

四、优化处理红、蓝宝石的鉴别

优化处理红、蓝宝石类型及鉴别见表 5-5。

表 5-5　　　　　　　　优化处理红、蓝宝石类型及鉴别

	热处理	染色处理	扩散处理
主要鉴别特征	①颜色不均匀（由外向内观察）：格子状、条带状等 ②450nm 吸收线消失或很模糊 ③某些在紫外光下显示蓝色或绿色调荧光，或表面有异常荧光图 5-16 ④表面粗糙，有许多坑（成品处理可见，重新切磨不可见） ⑤熔点低的晶体包体外形熔化为浑圆状或为白色轮廓图 5-15 ⑥在高膨胀性的晶体包体周围可产生盘状裂隙 ⑦常产生"花边状"等各种各样的裂隙图 5-17 ⑧液体包体可能破裂，沿裂隙"流出" ⑨针状包体熔融断开成点絮状"虚线状"图 5-14	①有大量裂隙，常被切磨成弧面 ②颜色鲜艳 ③染料集中在裂隙中，用光纤灯反射光下观察有疙瘩感，颜色相符，而未染色的在反射光照射下泛白，颜色浅于周边 ④缺少二色性或二色性为弱 ⑤缺少天然红宝石的吸收光谱或显示染色剂的吸收 ⑥有时缺失荧光或显示染色剂的荧光	①二碘甲烷中观察颜色分布：刻面棱颜色加深（色深的蓝宝石不易见，但其棱边缘色较浅，而棱颜色很深）图 5-18 ②透射光+面巾纸观察颜色分布 ③通向宝石表面的裂隙颜色加深（一般该处理的蓝宝石为透明度好、裂隙少的，注意与染色处理区分）图 5-19 ④外观颜色很漂亮，与高档蓝宝石相似，天然的应有明显光谱，但该处理的光谱缺失 ⑤通常无荧光，但某些具特征的暗红色荧光（很少见） ⑥扩散红宝石：可见橙红/橙黄的二色性；表层有熔蚀现象；表层有时可见细小气泡（高温处理） ⑦扩散星光：除具以上特征外，表层还可见漂亮均匀的星线，特征与合成的相同；常具特殊荧光（暗红色、红色）

续表 5-5

	注入充填（+热处理）	淬火处理	辐照处理
主要鉴别特征	主要针对红宝石适用，与助熔剂法合成的红宝石极相似。 常见热处理的鉴别特征 ①颜色鲜艳均匀 ②透明度差，光泽异常图 5-20 ③通向表面裂隙中可见大量充填物 ④近于表面的裂隙有熔蚀现象 ⑤常形成云翳状，类似于助熔剂残余的充填物 ⑥某些充填物（硼酸盐）常成透明的水迹状，但若温度缓慢降低，也可结晶成白色微晶 ⑦表面常见裂隙有玻璃态（硼酸盐）物质及熔蚀坑 ⑧玻璃充填的裂隙和其他宝石的充填裂隙类似，可以看到干涉作用造成的蓝色闪光现象图 5-21 ⑨光纤灯侧照明可见宝石内大量絮状、针状雾状包体，极细小，难分辨（可能为水铝矿），而合成宝石很少见 ⑩紫外荧光：LW、SW：都为红色，表面有一层亚色荧光，或可见局部发光（裂隙充填物发光） 注油处理的鉴别同染色处理，且热针测试宝石会"出油"	泰国多用，常用于焰熔法合成的红宝石。 ①颜色鲜艳 ②常有裂隙及充填物 ③可见弯曲生长纹和 气泡等合成宝石的鉴别特征 ④可见网格状裂纹（图 5-22）	①具橙黄色紫外荧光（合成的则为无） ②微量元素测试几乎不含 Cr，天然的则含有 ③红外吸收：3180、3278 波数可能见到吸收峰 ④紫外光分光光度计除 450nm 有微弱吸收（天然为强），且从 405nm 开始呈曲线递减（紫外光波段透明度高于天然品）

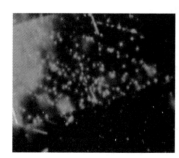

图 5-14　红宝石中被熔断的金红石针（彩图 33）

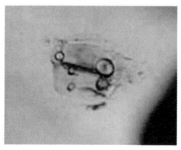

图 5-15　熔蚀的晶体包体（彩图 34）

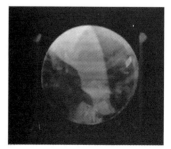

图 5-16　白亚色荧光（彩图 35）

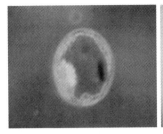 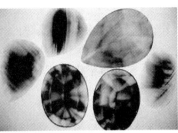 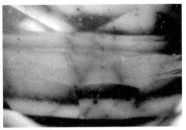

图 5-17 穗边裂隙
（彩图 36）

图 5-18 天然和扩散处理蓝宝石
的颜色分布（彩图 37）

图 5-19 深色裂隙
（彩图 38）

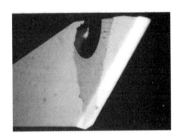 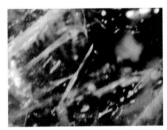 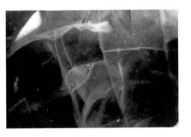

图 5-20 充填处理红宝石的
表面光泽差异（彩图 39）

图 5-21 玻璃充填红宝中
的蓝色闪光（彩图 40）

图 5-22 网格状交叉分布的
弧形裂隙（彩图 41）

复习思考题

1. 简述红宝石和蓝宝石的合成品及优化处理品的种类和主要鉴别特征。
2. 列举常见红色宝石，如何利用常规仪器进行区分鉴别。
3. 蓝宝石的常见相似宝石有哪些？如何鉴别？

第三节 绿柱石族

祖母绿及相似宝石的鉴别：

与祖母绿外观相似的宝石很多，主要是绿色宝玉石及人工宝石。但根据宝石的物理性质，特别是一些关键性测试，可以迅速地区别这些仿制品，其主要鉴别特征如下：

1. 萤石

蓝绿色萤石色彩很像祖母绿。但萤石的折射率值很低（1.434），相对密度比祖母绿高，在正交偏光镜下全暗或者异常消光，很容易区分开来。用肉眼观察时，宝石的光泽很弱，面棱易磨损，在紫外长短波下可能显示强萤光，甚至可见磷光。

2. 绿玉髓或者染绿色玉髓

绿玉髓与透明祖母绿外观差异很大，由铬盐人工染色的玉髓有时会与云雾状祖母绿相混淆。染绿色玉髓在查尔斯滤色镜下显淡红色，吸收光谱在红区可模糊不清的带。但折射率值较低，偏光镜下全亮，在 2.65 的重液中上浮或悬浮，而祖母绿会下沉。

3. 碧 玺

蓝绿色至暗绿色碧玺颜色偏暗，其折射率 1.62 ~ 1.65，双折率 0.018，后刻面棱重影明显；相对密度 3.01 ~ 3.11 高于祖母绿，多色性强，很容易鉴别出来。有些经热处理的碧玺颜色上很接近祖母绿，而且不显示强多色性。含铬的碧玺可能在红区显示一些谱线，需要注意。

4. 磷灰石

与祖母绿相同，磷灰石也属于六方晶系，六方柱状晶体，折射率、相对密度均高于祖母绿，硬度小，双折射小，在 580nm 处可见一组明显的吸收线，与祖母绿不同。

5. 铬透辉石

颜色深绿至黄绿色，其折射率 1.675 ~ 1.70，双折射率 0.024 ~ 0.030 和相对密度 3.29 均明显高于祖母绿；红区可见铬吸收谱线，查尔斯滤色镜下呈红色与祖母绿相似。

6. 铬钒钙铝榴石

颜色呈黄绿至艳绿色，肉眼观察时铬钒钙铝榴石光泽和亮度比祖母绿更强，其折射率值 1.74 和相对密度 3.61 均明显高于祖母绿；在正交偏光下全暗或者异常双折射，无多色性与祖母绿不同。红区可见铬吸收谱，查尔斯滤色镜下呈红色或粉红色与祖母绿相似。

7. 人造钇铝榴石

绿色钇铝榴石是国内市场上常见的祖母绿的人造仿制品。颜色从深绿—绿—浅绿到微黄绿色。折射率 1.83，远远大于祖母绿，用折射仪无法获得读数；在偏光镜下全暗或者异常消光，无多色性；当用强光照射时，显示红光效应，查尔斯滤色镜下鲜红色或微红色；绿色钇铝榴石显示稀土吸收谱线，内部纯净，偶尔可见拉长状、异形气泡，与祖母绿内含物截然不同。

8. 玻 璃

祖母绿的玻璃仿制品分为二类，一种是绿色玻璃，折射率 1.52，相对密度为 2.45，另一种特制仿制品折射率为 1.60 ~ 1.66，相对密度为 2.6，与祖母绿折射率，相对密度相似；但是玻璃在偏光镜下全暗或显示黑十字、双曲线等异常消光现象，无多色性，放大检查可见单个或成群的气泡。

9. 拼合石（图 5-23）

典型的是称为"Sonde 祖母绿"的拼合石，通常由无色水晶、无色绿柱石为顶部，合成尖晶石为下部，中间用绿色明胶胶结。将这种仿制宝石放入水中，可清晰地看到上下两层为无色材料，中间是绿色层。放大检查可见拼合层上会有气泡和流动痕迹。宝石内缺少天然祖母绿的内部特征。水晶和合成尖晶石拼合石的折射率值和相对密度值与祖母绿

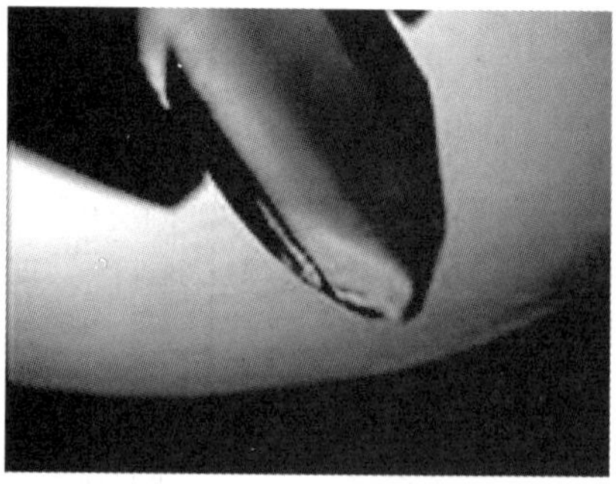

图 5-23 拼合石（彩图 42）

不同。Sonde 祖母绿不显示天然祖母绿中铬的吸收谱线，没有多色性。

　　另外，祖母绿典型的吸收光谱可作为与其相似宝石的鉴别依据。

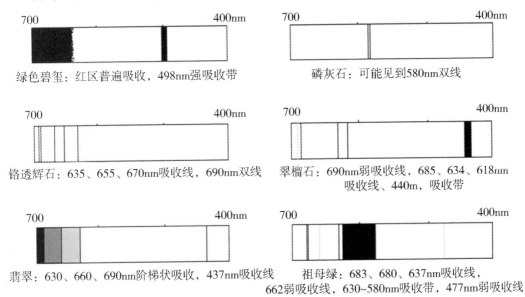

绿色碧玺：红区普遍吸收，498nm强吸收带　　　　磷灰石：可能见到580nm双线

铬透辉石：635、655、670nm吸收线，690nm双线　　翠榴石：690nm弱吸收线，685、634、618nm
吸收线、440m，吸收带

翡翠：630、660、690nm阶梯状吸收，437nm吸收线　　祖母绿：683、680、637nm吸收线，
662弱吸收线，630~580nm吸收带，477nm弱吸收线

图5-24　祖母绿典型吸收光谱与相似宝石鉴别

二、合成祖母绿的鉴别

　　合成祖母绿有二种方法：助熔剂法图 5-25 和水热法图 5-26。

图 5-25　助熔剂合成祖母绿晶体（彩图 43）

图 5-26　水热法合成祖母绿（彩图 44）

不同方法合成祖母绿的鉴别特征有所不同。具体如表5-6。

表5-6　　　　　　　　　　　　　天然与合成祖母绿的鉴别

鉴别特征		天然	助溶剂法	水热法
RI		1.565～1.598	偏小：1.560～1.567（GilsonN型为1.571～1.579）	1.566-1.578
DR		0.004～0.009	0.003～0.005（GilsonN型为0.006～0.008）	0.005～0.006
SG		2.67～2.78	2.65～2.67	2.67～2.69
紫外荧光		一般无，偶见红色、绿色	强，红色（GilsonN型：惰性）	强，红色，或惰性
滤色镜		可变红，也可不变	变亮红（GilsonN型：不变）	变亮红或弱红
红外		可见水峰	不含水峰	以前无Ⅱ型水峰，Ⅰ型为主，现在Ⅱ型水峰也可见，只是峰值低些
微量元素		Cr、V等	Li、Mo等	可变
内含物	固态	丰富：晶包、矿物包体	①种晶②铂（黄）金片③助熔剂残余细晶或玻璃态④硅铍石（少见）图5-28	①种晶②铂金（黄金）片③未熔粉末："面包渣"④硅铍石（多见）
	两相	气-液常见气-固（助熔剂残余+收缩气泡）	气-液（似天然）	
	三相	可见	不见	"丁字形"图5-29
	羽状体	分布液包、气-液包体	云翳状、面纱状图5-27、扭曲状	多种多样
	纹理	平行直线状色带（六方）	似天然	①平行直线状（六方）色带②近于平行的纹理："锯齿状"、"箭头状"图5-30、"波浪状"③多层生长的具多层结构，如"水热增生"
	裂隙	常见	少见，多很干净	少见，多很干净，"水热增生"表面增生裂纹

图 5-27　面纱状愈合裂隙（彩图 45）

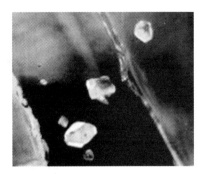

图 5-28　硅铍石晶体（彩图 46）

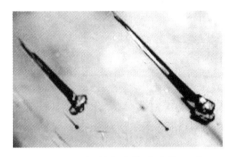

图 5-29　钉状包裹体（彩图 47）

图 5-30　箭头状纹理（彩图 48）

三、优化处理祖母绿的鉴别

祖母绿的优化处理方法主要有注入充填即注胶或注油，覆膜，拼合。其鉴别特征如表 5-7。

表 5-7　　　　　　　　　　　　　　优化祖母绿的鉴别

	注入充填	覆膜	拼合
主要鉴别特征	注胶： ①充填区呈云雾状 ②裂隙中可见流动构造和气泡 ③裂隙中可见异常闪光（干涉色等）图 5-31 ④充填物在反射光下呈弱光泽，且硬度比较小，钢针可刺入或划动 注油：无色或有色 ①热针探测会"出油" ②注有色油，颜色沿裂隙呈丝脉状分布 ③可能见到异常荧光	底衬：古老的方法 ①放大观察，底部常见绿色薄膜，可见薄膜皱起或脱落 ②在膜与宝石的界面上可见气泡 ③外观颜色鲜艳，但侧面观察色浅，且二色性缺失 ④缺少明显的吸收谱线 镀层："水热增生" ①表层放大可见增生裂纹 ②浸入浸液中观察，颜色集中于表层 ③内部可见各种天然包体，表层则可见水热法合成祖母绿的常见包体	①光泽差异 ②冠部与底部的 RI 不同 ③拼合缝、拼合面、压扁气泡、胶、冠部与底部包体不同 ④缺少明显的吸收谱线

图 5-31　注塑的裂隙闪光效应（彩图 49）

四、海蓝宝石及相似宝石的鉴别

海蓝宝石具有典型的"雨点儿"管状包体或细白线状包裹体。与海蓝宝石外观相似的宝石有蓝托帕石、蓝宝石、蓝碧玺、浅蓝色合成尖晶石等，鉴别如下：

（1）蓝色托帕石

蓝色托帕石是市场上最易与海蓝宝石相混的宝石，但托帕石的折射率高于海蓝宝石，为 1.61～1.63，而海蓝宝石 RI<1.60，蓝色托帕石的双折射常常也大于海蓝宝石为 0.010。在 3.32 的重液中托帕石下沉，海蓝宝石迅速上浮。

（2）蓝宝石

海蓝宝石比蓝宝石颜色浅，蓝宝石呈强玻璃光泽，其折射率值 1.76～1.78，相对密度 3.99，硬度 9 均远远大于海蓝宝石，故仔细检测两者不易相混。

（3）碧玺

蓝色碧玺通常颜色深，多色性强，碧玺的折射率 1.64～1.66，高于海蓝宝石，双折射率较大为 0.018～0.020，而海蓝宝石仅 0.006，碧玺可见刻面棱重影，在 3.05 的重液中碧玺悬浮，绿柱石上浮。

（4）合成尖晶石

浅蓝色合成尖晶石在色彩上与海蓝宝石有一定的相似性，其折射率值（1.727）和相对密度（3.63）都大于海蓝宝石；合成尖晶石无二色性，偏光镜下显示斑状消光，其内部常见气泡，与海蓝宝不同。

复习思考题

1. 简述祖母绿的常见优化处理方法及其鉴别。
2. 简述海蓝宝及相似宝石的鉴别。

第四节 金绿宝石

金绿宝石因其独特的黄绿至金绿色外观而得名，它有两个特殊的光学效应的品种：猫眼和变石。

一、金绿宝石及其相似宝石的鉴别（如表5-8）

表5-8 金绿宝石及其相似宝石的鉴别

鉴别特征	金绿宝石	黄色蓝宝石	尖晶石
RI	1.740 ~ 1.765	1.76 ~ 1.78	1.712 ~ 1.730
DR	0.008 ~ 0.010	0.008 ~ 0.010	无
光性	B（+）	U（−）	无
光轴图	黑臂	黑十字	无
SG	3.73	4.00	3.60
放大观察	指纹状、丝状包体、双晶纹	指纹状、针状包体（交角120°）、平直生长色带（六方）	八面体晶体包体、员册

二、变石及其相似宝石的鉴别（如表5-9）

表5-9 变石及其相似宝石的鉴别

鉴别特征	RI	SG	H	光性光轴图	日光	烛光
变石	1.740 ~ 1.765	3.73	8.5	B（+），黑臂	绿、蓝绿	红、紫红
蓝宝石	1.76 ~ 1.78	4.00	9	B（−），黑臂	灰蓝紫	浅紫红、褐红
尖晶石	1.712 ~ 1.730	3.60	8	均质体	紫蓝	红紫
镁铝榴石	1.74 ~ 1.76	4.16	7.5	均质体	黄绿、蓝黄	黄红、紫红
锰铝榴石	1.79 ~ 1.814	4.16	7.5	均质体	黄绿、蓝黄	黄红、紫红
蓝晶石	1.740 ~ 1.76	3.56 ~ 3.69	5 ~ 7	U（−），黑十字	绿蓝	红紫
合成刚玉仿变石（具合成宝石内含物的鉴别特征）	1.76 ~ 1.78 1.76 ~ 1.78	4.00	9	B（+），黑臂	蓝紫	紫红

三、猫眼及其相似宝石的鉴别（如表5-10）

表 5-10　　　　　　　　　　　　猫眼及其相似宝石的鉴别

鉴别特征	颜色	RI（点测）	SG	H	其他特征
猫眼	黄-褐	1.74±	3.73	8.5	①丝状包体 ②444nm 吸收线
石英猫眼	褐-褐灰	1.54±	2.65	7	丝状、针状、管状包体
碧玺猫眼	绿褐-灰蓝	1.62±	3.05	7.5	平行纤维或线状空管
正长石猫眼	浅黄-黄	1.52±	2.56	6.5	纤维状
方柱石猫眼	黄-褐	1.55±	2.60-2.74	6.5	平行管状、针状气液包体
磷灰石猫眼	黄-褐	1.63±	3.18	5	580nm 一组吸收线
透辉石猫眼	褐-灰褐	1.67±	3.29	5	505nm 吸收带眼线两侧颜色有差异
阳起石猫眼	黄-黄绿-绿灰	1.62±	3.00	5.5	矿物集合体，眼线两侧颜色有差异
夕线石猫眼	灰-灰褐-褐绿	1.65±	3.25	6~8	晶体呈纤维状排列
玻璃猫眼	各种颜色	1.50±	变化	5~6	垂直于眼线侧边腰棱处可见"蜂窝状结构"（玻璃纤维）

四、与合成变石（焰熔法、助熔剂法）的鉴别

基本同红宝石。

五、与优化处理品的鉴别

除注油外一般不做其他优化处理，鉴别方法如前述。

复习思考题

1. 金绿宝石的品种有哪些？
2. 简述金绿宝石主要品种及其相似宝石的鉴别。

第五节　碧　玺

1. 原　石

（复）三方柱+三方单锥+单面，密集纵纹。

2. 鉴别特征

颜色：丰富，图5-32。

图5-32　碧玺的颜色品种（彩图50）

富铁——暗绿、深蓝、暗褐、黑色；

富镁——褐黄-褐色；

富锂+锰——粉红-玫瑰红、淡蓝色；

富铬——深绿色。

多色性：中-强，呈深浅不同的体色。

RI：1.624~1.644（+0.011，-0.009）。

DR：0.018~0.040（深色），常为0.020。

轴性（光轴图）、光性：U（-），"黑十字"光轴图。

断口：贝壳状。

SG：3.06（+0.20，-0.60）。

紫外荧光：粉红、红色——弱，红-紫色。

吸收光谱：不特征。

内含物：绿色品种包体较少，其他颜色多见气-液包体，呈星散分布的泪滴形、椭圆形、碎片形；粉红、红色品种常具含大量充满液体的扁平和不规则管状包体、平行线状包体。

特殊光学效应：猫眼效应

其他：具热电性和压电性

3. 合成碧玺

水热法，成本高，没有商业化生产；

与天然碧玺很相似，颜色均匀、纯净，比重较天然低（2.9～3.0）。

复习思考题

1. 论述市场常见无色宝石品种及其鉴别

2. 论述市场常见红色宝石品种及其鉴别

3. 论述市场常见蓝色宝石品种及其鉴别

4. 论述市场常见黄色宝石品种及其鉴别

5. 试述石英族的合成品及优化处理品的种类和主要特征。

6. 试述尖晶石、橄榄石、托帕石和锆石的合成品或优化处理品的种类和主要特征。

第六节　水　晶

1. 与透明的相似宝石的鉴别

与单晶石英宝石相似的宝石种类有透明的长石、方柱石、堇青石、托帕石和玻璃等。

（1）托帕石

二轴晶且折射率（1.60～1.63）、相对密度（3.53）高于水晶，故尽管在外观上不易与水晶和黄晶区别，但经简单的测试即可区别。

（2）透明长石

可具有各种颜色，而且折射率（1.52～1.57）和双折率与石英也较接近，一般情况下不易通过折射率的仔细测量加以区分。但长石为二轴晶，具有二轴晶的光轴图，另外，长石解理发育，两组解理近于垂直，常可见"蜈蚣"状包裹体，而水晶解理不发育，据此可以和石英区别。

（3）堇青石

折射率（1.542～1.551）略低于水晶，堇青石的颜色为蓝紫色–蓝色的体色，很少出现紫晶的紫色，并且具有强的三色性，为二轴晶，故一般不会混淆。

（4）方柱石

常有黄色和紫色的体色，折射率 1.55 到 1.57，双折率 0.004～0.037，当双折率较小时与紫晶和黄晶也很相近，但方柱石为一轴晶负光性，常见平行 Z 轴的管状以及针状包裹体，而水晶为正光性，并且为牛眼干涉图。

（5）玻　璃

玻璃，尤其是紫色玻璃常有流纹和气泡，并且为单折射，不难与水晶区别。

2. 石英猫眼

石英猫眼的折射率（1.55）较低，可以和大多数的具有猫眼效应的宝石品种，如猫眼石、矽线石猫眼、碧玺猫眼、磷灰石猫眼等区别，不易区别的有绿柱石猫眼、方柱石猫眼和蛋白石猫眼。

（1）绿柱石猫眼

可带各种体色，但很少为白色和灰色，并且猫眼效应的光带比较分散，平行管状包裹体也比较粗大。

（2）蛋白石猫眼

往往为不透明或亚半透明状，折射率略低，密度偏低（ $2.2g/cm^3$ ），而石英猫眼 $2.65g/cm^3$ 。

（3）方柱石猫眼

石英猫眼与方柱石猫眼最难区别，外观和物理性质都非常相似，只是石英猫眼的硬度稍大于方柱石猫眼。准确鉴别要使用非常规的检测方法，如反射红外光谱、拉曼光谱等。

3. 合成水晶的鉴别特征

（1）颜　色

天然水晶没有蓝色和黄绿双色，极少见绿色，没有透明的粉红色。

（2）平行的管状二相包裹体

合成水晶中的管状二相包裹体常常成群出现，并且大致地平行排列，尤其是管状体的头尾常常相当的整齐，往往是从种晶片上开始形成的并向外生长（图5-33）。

（3）面包渣状的包裹体面包渣状的包裹体也是合成水晶的典型特征，呈白色、粉末状（图5-34），是微晶集合体，面包渣状包裹体一般较小，即使放大到80倍以上也难观察清楚其细节特征。

（3）较为一致的光轴方向

这一特征是合成水晶磨制的珠链可能具有的特点。由于合成水晶是板状的晶体，在取材时易于形成按统一方向切割下料的情况。所以，如果在正交偏光镜下发现一条水晶珠链有相当数量的珠子具有相同的光轴方向，那么是合成水晶的可能性就极大

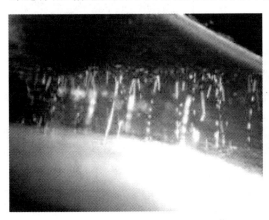

图5-33　平行管状包体（彩图51）

图5-34　面包渣包体（彩图52）

4. 合成紫晶的鉴定特征

（1）聚片双晶不发育

天然紫晶的聚片双晶比较发育，在正交偏光镜下常出现螺旋桨状的光轴图，而合成紫晶则很少出现这种情况，常见正常的牛眼状光轴图。

（2）三角形的色斑合成紫晶由于三角锥状的巴西双晶发育区能富集更多的 Fe，故颜色较深，形成三角锥状的色区，即使在切磨后的宝石中也能够观察到。但如果合成紫晶的生长条件，控制得很好，能够消除这种现象。

（3）体合成紫晶有时也出现合成水晶中出现的面包屑状体和长管状这两种典型的包裹体。

5. 水晶的优化处理及鉴别

（1）热处理

某些颜色不好的紫晶加热 400~500℃ 可变成黄水晶或者过渡产品绿晶。加热处理的黄水晶可具色带（加热过程色带保留），没有多色性。这种热处理已被人们所接受。

另一种加热处理的产品是紫黄晶。紫色和黄色形成各自的色斑或色块，往往没有明显的界线，有时也形成明显的与菱面体生长区相关的色区（图5-35）。天然的紫黄晶只产于玻利维亚，但这种颜色特征可用紫晶（或合成紫晶），经过加热处理来实现，处理紫黄晶与天然的尚无法加以区别。

图5-35　双色的紫黄晶（彩图53）

（2）辐照处理

用于无色水晶变成烟晶，无色水晶辐射变成深棕色、黑色，再经过热处理减色，形成烟晶。这种处理很难鉴别。

（3）染色处理

水晶加热后，快速冷却，产生很多裂纹，再放到有染料中染色。染色水晶有明显的碎裂纹和集中在裂隙中的颜色（图5-36）。

（4）镀膜处理

在表面上用真空镀膜工艺镀上彩色的薄膜，这种处理品有典型的晕彩效应裂纹和集中在裂隙中的颜色（图5-36）。

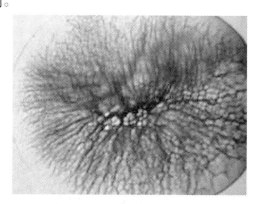

图5-36　染色水晶（彩图54）

第七节 长石族

1. 月光石：月光石效应

常见长石类宝石有月光石、月光石、拉长石和天河石。

相似宝石：玉髓、玻璃

表5-11   月光石与相似宝石的鉴别

鉴别特征	月光石	玉髓	玻璃
肉眼	蓝色光彩或白色乳光	白色乳光	白色乳光
内部	两组相交的初始解理，"蜈蚣状"包体	结构细腻	气泡，流动构造
RI	1.52±	1.53±	1.50±
DR	0.005 ~ 0.008	无	无
解理与断口	两组完全解理	贝壳状断口	贝壳状断口
偏光	四明四暗或全亮（内部多裂/双晶导致）黑臂光轴图	全亮	全暗或异常消光

2. 日光石（图5-37）：日光石效应

相似宝石：人造砂金石

鉴别：人造砂金石不透明，内部闪光片为小的、浅金色的黄铜片薄片。

3. 拉长石：晕彩

相似宝石：黑欧泊

鉴别：黑欧泊具有的是变彩，从色斑上就可以鉴别。

4. 天河石（图5-38）：

相似宝石：玉髓

鉴别：玉髓结构细腻，而天河石一般具有白色矿物呈格子状分布，且玉髓的透明度一般较天河石好。

图5-37 日光石（彩图55）

图5-38 天河石（彩图56）

第八节　石榴石族

一、石榴石与相似宝石的鉴别

1. 红色系列与红色色调与石榴石相似的宝石

有红色尖晶石、红色碧玺、红宝石、红锆石等。主要根据光性、折射率、双折射、典型光谱、多色性和内含物特征鉴别。具体见表5-12。

表5-12　　　　　　　　　　红色石榴石及相似宝石的鉴别

	红色石榴石	红尖晶石	红锆石	红宝石	红碧玺
晶形	菱形十二面体	八面体	四方柱、四方双锥	桶状、柱状、板状	柱状、柱面纵纹发育
折射率	1.74～1.76	1.712～1.730 少量1.740	>1.81	1.76～1.78	1.62～1.65
双折射	无	无	0.059	0.009	0.018
典型光谱	铬谱、Fe谱	风琴管状		典型光谱	无
多色性	无	无	中等多色性 褐红-红	橙色-红色	桃红-浅粉
内含物	少量针状物和晶体包体	八面体晶体包体	刻面棱双影 晶体包体	金红石针状物双晶纹	气液两相包体 管状包体

2. 黄色系列

与黄色色调的石榴石相似的宝石有黄色锆石、黄色托帕石、黄色蓝宝石、金绿宝石。主要鉴别依据是折射率、密度、多色性、吸收光谱等。黄色锰铝榴石易与黄色锆石、黄色蓝宝石、黄色金绿宝石相混，主要鉴别见表5-13。

表5-13　　　　　　　　　黄色石榴石及相似宝石的鉴别特征

	锰铝榴石	黄色锆石	黄色蓝宝石	金绿宝石
晶形	菱形十二面体 四角三八面体	四方柱	桶状晶体，六方柱 六方锥组成晶面上有横纹	短柱状、板状
RI	>1.81	>1.81	1.76～1.78	1.74～1.75
光谱	432吸收线	653.5诊断线	450吸收窄带	444吸收线
内含物	液滴状包体	晶体包体、刻面棱双影	干净，少量晶体及针状包体	晶体、管状包体

3. 绿色系列

与翠榴石相似的宝石主要是绿色锆石、榍石、铬透辉石和祖母绿。尽管它们在颜色上十分相似，但彼此之间的折射率、双折射率、光性、光谱不同，容易区别。绿色锆石、榍石具有明显的双折射现象，此外翠榴石有特征的"马尾状包裹体"以及在查尔斯滤色镜下变红的特征。

二、石榴石拼合石的鉴别

石榴石拼合石通常为二层石，铁铝榴石和有色玻璃粘合在一起再磨制成刻面，从台面看具有很好的光泽和颜色，用以模仿祖母绿、红宝石和蓝宝石等。

拼合石的检测方法有：

（1）侧视拼合石，上下光泽、颜色有差异，上下部分的折射率、包裹体特征不同（图5-39）。

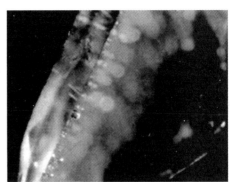

图5-39　石榴石拼合石（彩图57）

（2）放大检查可找到粘合层以及粘合面上可能有气泡。

（3）拼合石具有红环效应。将拼合石台面向下置于白色背景上，在合适的光照条件下，可见一红色圈环绕宝石腰部。

第九节　尖晶石、托帕石、橄榄石和锆石

一、尖晶石

1. 原　石
八面体、八面体+菱形十二面体或立方体

2. 鉴别特征
颜色：丰富，各色都可见

光泽：玻璃-亚金刚（强玻璃）

RI：1.712～1.730，常为1.718，镁锌尖晶石可达1.77～1.80

断口：贝壳状

SG：3.60（+0.10，-0.03）

紫外荧光：橙、红色——LW：弱-强，红、SW：无-弱

绿色——LW：无-中，SW：无

蓝绿色——LW：无-极弱，蓝绿色，SW：无

其他——一般无荧光

吸收光谱：

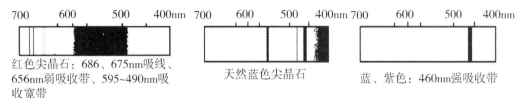

红色尖晶石：686、675nm吸线、656nm弱吸收带、595~490nm吸收宽带

天然蓝色尖晶石

蓝、紫色：460nm强吸收带

图5-40　各色尖晶石的吸收光谱

内含物：气、液、固三相包体都可见，固体包体常为八面体尖晶石包体图5-41和磁铁矿，有时可见八面体负晶被方解石、白云石充填，片状石墨包体，柱状磷灰石包体，气-液包体（气泡大），八面体晶体包体周围可见指纹状包体；斯里兰卡产的可见"锆石晕"，羽状体。

特殊光学效应：星光效应（四射、六射）、变色效应。

合成尖晶石方法：焰熔法、提拉法。

注意：红色尖晶石不易合成，因为脆性大。

与天然尖晶石的鉴别：

图5-41　尖晶石中的八面体尖晶石包裹体（彩图58）

1. 焰熔法合成尖晶石

焰熔法合成尖晶石的颜色有红、粉、黄绿、绿、浅至深蓝色、无色等。也可合成具有变色效应的尖晶石。合成尖晶石的主要特征为具有较高的折射率、异常双折射和内部弧形生长纹。异常双折射在偏光镜下呈现栅格状消光现象。

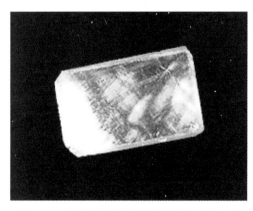

图5-42　栅格状斑纹状异常消光（彩图59）

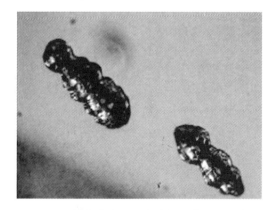

图5-43　合成尖晶石中的气泡（彩图60）

（1）折射率：比天然略高，为1.728（+0.012，-0.008），合成红色尖晶石为1.722~1.725，合成变色尖晶石为1.73。

（2）相对密度：一般为 3.52 ~ 3.66，比天然尖晶石相对密度（3.60）略高。合成红色尖晶石为 3.60 ~ 3.66。

（3）异常双折射：焰熔法合成尖晶石由于加入过多了氧化铝，使其晶格多发生扭曲，而产生异常消光现象。偏光镜下常呈栅格状或者斑纹状异常消光（图 5-42），是天然所没有的。

（4）紫外荧光：长短波下均有荧光，且短波下常呈白垩状荧光，天然没有这种现象。浅粉色合成尖晶石呈绿白色荧光，红色尖晶石呈红色荧光，浅蓝色尖晶石呈橙红色荧光。

（5）吸收光谱：除红色外，大多数合成尖晶石具有特征的吸收光谱：

①钴蓝色：在红区和蓝区全透过，在 544nm、575nm、595nm 和 622nm 有宽吸收带，而缺失天然蓝色尖晶石中的 458nm 吸收线；

②绿色（带黄色荧光）：425nm 为强吸收线，445nm 为模糊带；

③绿蓝色：有 425nm 强吸收线，443nm 模糊带，及复杂的 544nm、575nm、595nm、622nm 极弱的钴吸收；

④合成变色尖晶石：400 ~ 480nm 宽吸收带、580nm 为中心的宽吸收带及 685nm 窄线。

（6）内部特征：通常内部洁净，偶尔可见气泡（图 5-43）、弧形生长纹或弧形色带、未融的氧化铝残余。

2. 助熔剂法合成尖晶石

助熔剂法合成尖晶石于 20 世纪 80 年代进入市场，常见红色和蓝色，其次有浅褐黄色、粉、绿等色。助熔剂法合成尖晶石在化学成分上与天然尖晶石相近，MgO :Al$_2$O$_3$ 比例接近 1 :1，折射率、相对密度等一些物理性质常数也与天然尖晶石接近。主要区别表现在：

（1）内部特征：助熔剂法合成尖晶石常见橙褐色至黑色助熔剂残余（图 5-44），单独或者呈指纹状分布。

图 5-44 橙褐色至黑色助熔剂残余（彩图 61）

（2）红外光谱：天然尖晶石含水，助熔剂法合成尖晶石不含水。

二、托帕石

1. 原　石
柱状、块状，粒状、卵石状

2. 鉴别特征
颜色：无色、淡蓝-蓝、粉红-红、黄-酒黄-褐色、绿色

RI、DR：无色、蓝色：1.61 ~ 1.62（0.010）

黄色、粉红：1.63~1.64（0.008）

轴性（光轴图）、光性：B（+），"黑臂"光轴图

多色性：明显

黄色——浅粉红黄/草黄/蜂蜜黄

蓝色——无色/淡粉红/蓝

粉红色——无色/淡粉红/粉红

绿色——无色/浅蓝绿/淡绿

解理：底面一组完全解理

SG：3.53（±0.04）

紫外荧光：

无色、蓝色——LW：弱，黄绿色，SW：更弱

黄褐、粉红——LW：弱，橙黄色，SW：更弱

内含物：气-液两相、气-液-固三相包体，两种或多种不混溶的液体包体（呈管状、水滴状、圆形）星点状分布，云母、赤铁矿、钠长石、碧玺等矿物包体。

市场上流行的蓝色托帕石的颜色绝大多数是经过辐照处理的。天然的蓝色托帕石非常少见。天然无色的托帕石先经辐射使之呈褐色，然后再加热处理而呈蓝色的（图5-45）。

常规仪器不易区分天然蓝色的托帕石与辐照处理致色的蓝色托帕石。如果蓝色托帕石有残余放射性则表明经过处理。但是样品经过较长时间的存放，其放射性残留量可以降低到安全标准以下，无法依此进行鉴别。

另一种检测改色处理的蓝色托帕石的方法是热致发光。据 U. Heen 和 H. Bank （1990）研究，天然的蓝色托帕石热致发光的峰值有两个，分别位于 250℃ 和 500℃ 的

图5-45　辐照处理的蓝色托帕石
（彩图62）

温度，而且前者的发光强度大于后者。而辐照处理的蓝色托帕石，不论是用 γ-射线、电子或中子中为辐照源，其热致发光的峰值却在400℃以后，并呈单峰的形式。

更好的鉴定办法是最近袁心强等（2006）发现的阴极发光，天然蓝色托帕石具有比辐照处理的强很多的阴极发光。在 2000 年左右 Co^{2+} 离子扩散处理的托帕石在市场上出现，该种托帕石整体视觉颜色呈蓝绿色调，但蓝绿色调仅限于表层（厚度<5μm），内部无色，并且，表面不均匀地聚集有褐黄色斑点。这种蓝色托帕石的鉴定特征是滤色镜下呈橙红色，托帕石表面有不均匀聚集斑点及颜色浓集区。激光拉曼光谱中由 Co^{2+}-O 弯曲振动衍生的 731、627、504cm^{-1} 三个宽谱带及 200cm^{-1} 的锐峰。

巴西粉红色和红色的托帕石是该地区产的黄色和橙色托帕石经热处理的产物。

三、橄榄石

与橄榄石相似的宝石有绿色碧玺、锆石、透辉石、硼铝镁石、金绿宝石、钙铝榴石等。相互之间的鉴别特征总结在表5-14中：

表5-14　　　　　　　　　　　橄榄石与相似宝石的鉴别

	橄榄石	绿碧玺	透辉石	硼铝镁石	金绿宝石	钙铝榴石	绿锆石
颜色	黄绿色	绿色、暗绿色	绿色、暗绿色	褐色、黄褐色	黄色、蜜黄色	淡黄、黄、褐黄色	绿色、暗绿色
RI	1.65～1.69	1.62～1.65	1.67～1.70	1.67～1.71	1.74～1.75	1.74～1.75	1.93～1.99
DR	0.036	0.018	0.025	0.038	0.009	无	0.059
光性	二轴（+）	一轴（-）	二轴（+）	二轴（-）	二轴（+）	均质体	一轴（+）
典型光谱	453、473、493nm三窄带	无典型光谱	由铬致色时红区有吸收线	452、463、475、493nm四条窄带	444nm处有强的吸收窄带	无典型吸收	653.5nm吸收线，1～40条吸收线不等
放大观察	"百荷花叶"、刻面棱双影	较干净或含气液包体	晶体包体	晶体包体，双影明显	晶体包体。针管状包体	晶体、气液包体	双影明显，刻面棱破损严重
多色性	弱	明显显二色性	明显显三色性	明显显三色性	弱至明显	无	弱
密度	3.32～3.37	3.01～3.11	3.30	3.48	3.72	3.6～3.7	4.68

四、锆　石

1. 原　石

四方柱+四方双锥

2. 鉴别特征

颜色：无色、红、黄-橙-褐色、绿、天蓝、紫色等

光泽：玻璃-亚金刚

RI、DR：

高型：1.925～1.984（±0.040），0.059　中型：1.875～1.905（±0.030），0.008～0.043

低型：1.810～1.815（±0.030），0.000～0.008

轴性（光轴图）、光性：U（+），"黑十字"光轴图

色散：0.039

多色性：一般为弱，体色变化，热处理的蓝色：明显，浅蓝/深蓝

脆性：强（"纸蚀"现象）

SG：高型：4.68

中型：4.08~4.60

低型：3.90~4.10

紫外荧光：绿色：无

蓝色：无–中，浅蓝色

红色：中，紫红–紫褐

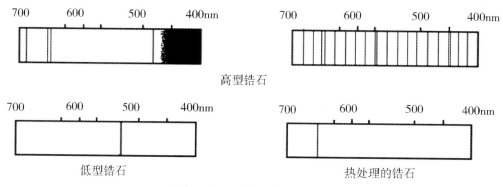

图 5-46　不同锆石的 RI、DR

橙–褐色：弱–中，紫棕–棕黄色

吸收光谱：

内含物：

高型：愈合裂隙，磁铁矿、磷灰石、黄铁矿等矿物包体，后刻棱双影

中型：平直色带，絮状包体

低型：多边形环带及条纹，丝绢包体，"角形包体"（蜕晶质产生的明亮裂缝）

锆石的优化处理：

（1）热处理：锆石常用热处理以提高其质量，或改变颜色或改变锆石的类型。

①改变颜色

在氧化条件下对锆石进行加热，可产生金黄色、无色的锆石，有些可产生红色；在还原条件下对锆石进行加热，可产生天蓝色和无色的锆石，其中最重要的是越南红褐色的锆石原料，红热处理后产生无色、蓝色和金黄色。

②改变类型

持续长时间的加热处理可引起硅和锆重结晶，将低型锆石转向高型。相应可提高相对密度、硬度、折射率、透明度等。同时，热处理引起重结晶可产生纤维状微晶，形成猫眼。

鉴别：颜色为无色、金黄色、金褐黄色和蓝色；具有热处理的鉴别特征；吸收光谱在 653.5、659nm（不见）处有吸收线。

（2）辐照处理：无有效鉴别证据。

第六章　市场常见宝玉石检测技术

玉石是指由自然界产出的具有美观、耐久、稀少性并具有一定工艺价值的矿物集合体（其中少数玉石为非晶质体）。玉石种类繁多，其成分和宝石比起来更为复杂，但是许多玉石都有特殊的颜色、光泽、结构等，用肉眼观察就能比较好的鉴定区分其相似宝石，而通过常规仪器和大型仪器能更好地进行其优化处理的检测。

第一节　翡　翠

一、翡翠的主要鉴定特征

（一）翡翠的肉眼检测

1. 颜　色
翡翠的颜色丰富，按其致色成因的不同可分为原生色和次生色。在翡翠的检测过程中不仅要观察颜色的色调，还要观察翡翠颜色的组合和分布，从而确定是否为翡翠正常颜色或是否为翡翠经常出现的颜色，以区分其他相似玉石。

（1）原生色翡翠的检测：原生色翡翠指组成翡翠的原生矿物所产生的颜色，包括白色、绿色、墨绿色、黑色等。以绿色为主的翡翠原生色，其颜色是在矿物形成过程中就存在，和矿物颗粒之间看不到界限，分布也不像次生色翡翠那样呈丝网状或沿裂隙分布，如果呈这样分布就要考虑是否为染色处理了。

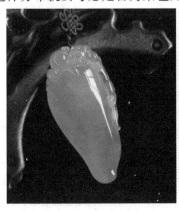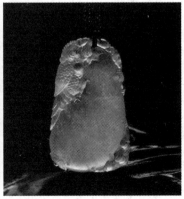

图6-1　原生色翡翠（彩图63）

（2）次生色翡翠的检测：次生色翡翠指翡翠经过风化作用，外来赤铁矿或褐铁矿沿翡翠颗粒之间的缝隙或解理慢慢渗入而成的颜色。主要有褐黄色、褐红色。在肉眼观察次生色翡翠时，可见其颜色呈片状或网状分布，颜色分布不均匀，层次较明显。而其相似玉石一般肉眼观察颜色分布都很均匀，层次不明显。染色的褐黄色或褐红色翡翠同天然褐黄色或褐红色翡翠因其颜色都后天形成，颜色的分布肉眼观察都非常类似，应用检测仪器加以区分。

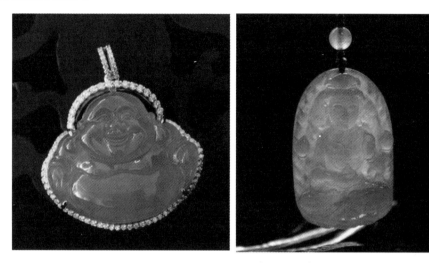

图6-2　次生色翡翠（彩图64）

2. 光　泽

翡翠一般为玻璃光泽。翡翠具有较高的光泽，在肉眼观察时，其光泽一般都要强于其他相似玉石，从而可以区分其他相似玉石（相似玉石中的水钙铝榴石民间又称不倒翁石和符山石的光泽要强于翡翠）。漂白充填处理的翡翠经强酸碱浸泡处理后，结构疏松，加入有机充填物后，其光泽与天然翡翠光泽有明显的差距，一般为蜡状光泽。

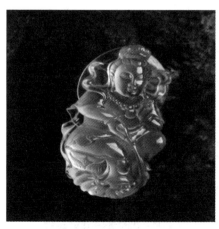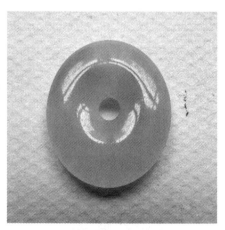

图6-3　天然翡翠的玻璃光泽 　　　　图6-4　漂白充填处理翡翠的蜡状光泽
　　　（彩图65） 　　　　　　　　　　（彩图66）

3. 结　构

翡翠常见的结构有：纤维交织结构、粒状纤维结构等，肉眼或放大观察时可见其组成矿物全呈柱状或拉长的柱粒状，近乎定向的排列或交织排列。翡翠的"交织结构"为其重要鉴定特征，肉眼观察区别于其他相似玉石。也明显区别于漂白充填处理的翡翠，漂白充填处理翡翠"交织结构"不可见，矿物颗粒之间的界线变得模糊不清。

图6-5　天然翡翠结构紧致细腻
（彩图67）

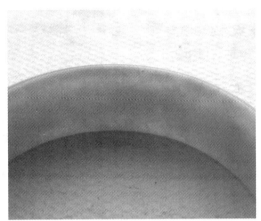

图6-6　漂泊充填翡翠结构疏松
（彩图68）

4. "翠性"

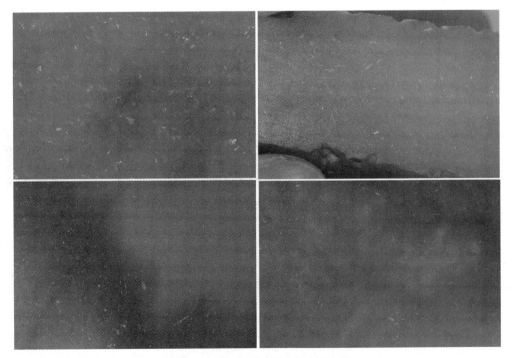

图6-7　翡翠的"翠性"（彩图69）

翠性是由于组成翡翠的硬玉晶体具有两组完全的解理而造成的，在云南被俗称为"苍蝇翅"。由于翠性是翡翠独有的特征，借此可以与其他相似的玉石仿冒品区别开来。"翠性"虽为翡翠特有鉴定特征，但是并非所有翡翠都可见"翠性"，因为只有翡翠的矿物颗粒越粗大，"翠性"才越明显，而矿物颗粒细腻者则不容易观察到。

（二）翡翠的仪器检测

1. 折射率和密度

翡翠的折射率为 1.66（点测）左右，密度为 $3.33g/cm^3$，都与其相似玉石有较大区别，很少会与其他玉石相混淆。

2. 放大观察

翡翠的抛光表面上常常像橘皮似的起伏不平，这种现象的根本原因是组成翡翠的硬玉晶体的性质和结构不一样造成的。从性质上看，主要是硬玉晶粒的大小和结合的疏密；从结构上看，硬玉颗粒排列方向不一致导致了在翡翠表面上的硬玉颗粒方向的不一致：平行、斜交、垂直等。从硬度上看，垂直柱面的颗粒硬度最大，平行柱面的颗粒硬度小，而斜交的介于两者之间。当凹坑比较清晰且有几何状特征时，则可以反映硬玉晶粒的形态和大小的边界；当凹坑不明显时，则凹面和未凹表面的光泽是一致的。根据这一点，我们可以识别翡翠的结构特点。传统的抛光技术会更多地磨蚀较软的颗粒，形成下凹的表面，抛光越充分，橘皮效应越明显。在观察翡翠此特征时要注意与漂白充填处理翡翠的酸蚀网纹相区分。

3. 吸收光谱

翡翠常见紫区 437nm 吸收窄带，为翡翠特征吸收光谱。达到浅绿色浓度以上的绿色翡翠可见红光区的三条吸收线。翡翠的吸收光谱非常特征，可与其他相似宝石轻易区分开，也可以与染色翡翠（绿色）区分开，染色翡翠（绿色）可见 650nm 处一条强的吸收宽带明显区别于绿色翡翠的三条吸收带。观察翡翠的吸收光谱还要有合适的光源，半透明的翡翠需要强光才能穿透。

图 6-8　绿色翡翠的吸收光谱

4. 紫外荧光

翡翠基本没有紫外荧光，尤其是翠绿色、绿色、墨绿色、黑色和红色的翡翠，在长波和短波的紫外灯下，都不发荧光。只有部分白色的翡翠在长波紫外光下有弱的橙色荧光。上过蜡的翡翠会出现弱的蓝白色荧光。经过酸洗或染色的翡翠一般会有极强的荧光，所以观察翡翠的紫外荧光具有重要的鉴定意义。

图6-9　漂白充填翡翠的荧光（彩图70）

二、翡翠优化处理及其检测

翡翠的优化处理方法自产生以来，已经经历了近30年的历史，随着经济和科学技术的发展，优化处理方法也发生了很大的发展和变化。最近几年在市场上常见的优化处理方法主要有：加热处理、染色处理、涂膜处理、酸洗充胶处理、酸洗+染色+充胶处理。优化处理方法分为两类，一类是优化，一类是处理，加热处理和抛光上蜡属于优化范畴，染色处理、涂膜处理、酸洗充胶处理、酸洗+染色+充胶处理属于处理范畴。

（一）浸蜡处理

浸蜡处理是翡翠加工中的常见工序，轻微的浸蜡处理不影响翡翠的光泽和结构，属于优化范畴，处理方法一般是将翡翠成品放入蜡的液体中，稍稍加温、浸泡，使蜡的液体沿裂隙和微小缝隙渗入，再抛光后可增加透明度，掩盖原有缝隙。

（二）热处理

加热的目的是使黄色、棕色、褐色的翡翠转变成鲜艳的红色，即促进氧化作用的发生，使褐铁矿经加热失水，变为赤铁矿。加热处理的过程是：选料（黄色、棕色、褐色）→清洗→加热→冷却。加热温度不能太高，升温速度要缓慢，当翡翠颜色转变为猪肝色时，开始缓慢降温，冷却后翡翠就呈现红色。为了获得较鲜艳的红色，可进一步将翡翠浸泡在漂白水中数小时，进行氧化，以增加艳丽程度。

（三）染色处理

翡翠的价值主要取决于颜色，颜色越鲜艳、越浓郁价值就越高。但大多数的翡翠原料都是白色或浅色的。染色处理就是把这些原来无色或浅色的翡翠，通过人为方法使颜

图6-10　热处理翡翠（彩图71）

料染入翡翠，以仿冒品质更好的翡翠。染色的翡翠也称为 C 货。

（1）放大观察：用显微镜观察其颜色分布时，可见染绿色翡翠的绿色易浓集在小裂纹之中，并沿着裂纹充填在裂纹附近的晶粒间隙中，呈丝网状分布。这是鉴定染色翡翠最直接的证据。

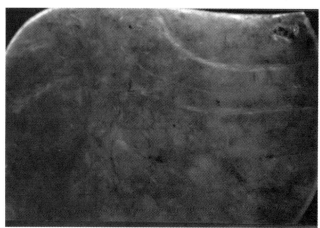

图6-11　染色翡翠的丝网结构（彩图72）

（2）可见光吸收光谱：天然翡翠为红光区的末端开始有三条间隔排列阶梯状吸收边。凡是绿色的翡翠如果观察不到这种图谱，都可能不是天然的绿色。铬盐染色绿色翡翠常在红光区内有一宽的强吸收带。

（3）滤色镜：早期的染色绿翡翠在查尔斯滤色镜下观察常常会变成橙红色调，但是，近期的染绿翡翠多不变色，故不可因为滤色镜下不变色而认为是天然的绿色。

（4）紫外荧光：有些染色翡翠在紫外光的照射下，会发黄绿色或橙红色的荧光。

（5）红外光谱：经有机染料染色的翡翠在红外光谱中出现 $2584cm^{-1}$ 和 $2920cm^{-1}$ 的吸收峰，表示该翡翠存在有机物。

（四）漂白充填处理

1. 漂白充填处理翡翠的步骤

（1）翡翠原料的选择和前期处理

进行 B 处理的翡翠一般选择中低档、中粗粒结构和裂隙多的翡翠。如豆种、花青种，狗屎地（猫豆种）、马牙种、白地青、紫罗兰等原料。而纤维状细粒结构和裂隙很少的翡翠一般不做此处理。对于进行处理的手镯原料，需用耐酸耐碱的不锈钢丝捆扎固定，其目的是防止镯料在处理过程中相互碰撞，特别是处理后镯料结构松化，易造成破碎。

图 6-12 漂白充填处理翡翠手镯原料雏形毛坯

（2）酸处理：将待处理翡翠原料放入浓硝酸和氢氟酸混合液中加热。温度范围为 90 ~ 100℃之间，如果温度大于 100℃，酸液沸腾，极易挥发，短时间内酸液即失去作用。而在 90℃左右温度下既可以加快反应速度发挥酸液与翡翠中亚铁离子和铁离子的作用去除黄色和脏底，又可以减少挥发延长酸液的使用期限。反应一段时间以后从酸液中取出翡翠原料放入清水中，提高温度，沸腾后取出，重新换上清水，再加热至沸腾。如此重复 3 ~ 4

图 6-13 切割过后的翡翠放入酸碱溶液里面浸泡

次，目的是清洗掉渗入翡翠中的酸液，由于翡翠晶粒之间或裂隙中的着色物质被酸溶解带走，从而使翡翠底色发白，发干，不透明，这时翡翠结构已受到一定程度的破坏。

（3）碱处理：酸处理后经过清水洗涤的翡翠原料放入烧碱溶液中加热至 90℃左右，

既中和了酸液，同时由于强碱作用，加速裂隙的扩大从而进一步松化了翡翠结构，上述酸处理和碱处理的过程重复进行多次，可根据原料颗粒度的大小或结构的致密程度进行调整，一般为数十天不等。由于翡翠的矿构组成不尽相同，酸处理时，翡翠样品酸蚀速度和处理效率有很大的不同。有些翡翠甚至在酸处理后也不适合充填。一般来说杂质越多酸蚀速度越快。所需处理时间越短。同时，翡翠结构的松化和被破坏程度与原来翡翠的结构致

图6-14　酸碱处理后的半成品利用铁丝等加固

密程度有关也与强酸强碱的浓度和处理时间的长短有关。如果原来晶粒较细而致密的翡翠原料浸泡的时间越短。其结构受到破坏程度就越轻；如果原来的结构较粗而松散，加上处理的时间又较长，其结构受到的破坏就较强。处理过程中由于酸碱溶液在反应温度下易挥发，换液次数多，酸碱溶液浓度高，成本就提高了。但处理时间可相应缩短；反之换液次数少成本相应降低。酸碱溶液因挥发而浓度降低导致处理时间延长。因此为了达到净化松化翡翠原料的目的，必须根据待处理原料选择经济合理的酸碱浓度、换液次数、处理温度及处理时间。经过反复酸碱处理后的翡翠结构非常疏松，轻触即有颗粒脱落，因此钢丝固扎有效地减少了镯料的破碎率。

（4）注胶充填处理：酸碱处理翡翠的过程呈沿着颗粒间隙进行的因而导致其结构疏松，充填树脂不仅为了胶结已成为松散状的结构提高其强度也为了达到增加透明度的目的。酸碱处理后的翡翠经中和清洗后放入烘箱中烘干再移入高压釜中，密封后抽真空，然后将环氧树脂和固化剂二乙醇胺以一定比例混合，加热降低其黏度然后加入高压釜中。此时继续保持抽真空状态一段时间，然后关闭真空泵，恢复常

图6-15　注胶并染色的未抛光翡翠

压再在高压釜内加入一定压力。其目的是为了使树脂能完全进入翡翠松化的结构中，取出翡翠原料。加热至其表面固化即完成B处理过程。处理后的材料可进行抛磨成型、雕刻等后期工序。抛光后的最终样品，翡翠经过注胶处理后再进行抛光等后续处理，使表面平滑，光泽增加，网状龟裂纹不易出现，光彩夺目。到此就完成了漂白、充填处理翡翠的整个处理过程。

2. 漂白充填处理翡翠的鉴定特征

（1）漂白充填处理翡翠的结构：内部结构受到强酸的腐蚀和破坏。内部结构变得疏松，翡翠矿物的颗粒感变得模糊，透射光下肉眼或放大镜观察可看到矿物颗粒之间的界线变得模糊不清。注胶后这个现象就变得更明显。由于注胶使得 B 货翡翠的底整体变白，表面光泽变弱，通常呈蜡状光泽。反射光观察可见表面发黄的现象，随时间推移发黄现象会越来越明显。

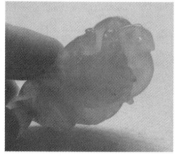

图 6-16　漂白充填翡翠矿物颗粒界线模糊（彩图 73）　　　图 6-17　漂白充填翡翠底整体变白（彩图 74）

（2）漂白充填处理翡翠的光泽：翡翠经强酸碱浸泡处理后，结构疏松，没充填之前表面见溶蚀凹坑，使之产生漫反射，光泽变弱。加入树脂或塑料等有机充填物后，翡翠常有树脂光泽、蜡状光泽或者是玻璃光泽与树脂光泽、蜡状光泽混合。此外，透明度好的 B 货有时会泛异常颜色的"荧光"。

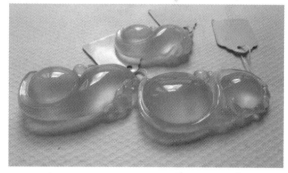

图 6-18　蜡状光泽（彩图 75）　　　　　图 6-19　异常颜色的"荧光"（彩图 76）

（3）漂白充填处理翡翠的颜色：由于翡翠结构被破坏，内在原有的光学性质也发生了改变，所以"B 货"翡翠的颜色分布无层次感。虽然这种方法处理的翡翠的绿色仍为原生色，但经过酸性溶液的浸泡，基底变白，绿色分布较浮，原来颜色的定向性也被破坏了，看起来很不自然。另外颜色边界变得模糊不清。而天然翡翠的颜色边界清晰，有色根。

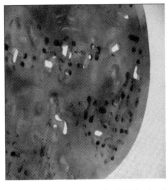

图 6-20　漂白充填翡翠颜色边界变得模糊不清（彩图 77）　　　图 6-21　天然翡翠的颜色
边界清晰（彩图 78）

（4）漂白充填处理翡翠的表面特征

①酸蚀网纹结构：漂白充填处理翡翠的表面特征最典型的就是酸蚀网纹结构。在鉴定 B 货翡翠时具有一定的鉴定意义。

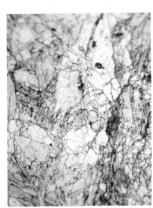
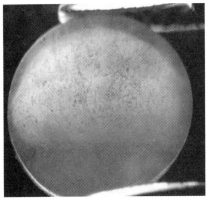

图 6-22　漂白充填处理翡翠的表面特征酸蚀网纹结构

②漂白充填处理翡翠的充胶裂隙：在反射光下通过显微镜可见到裂隙呈光泽较弱的平面；在表面上非常清楚的开放裂隙，延伸到内部的部分却不明显。裂隙中有有机胶充填，光泽明显偏暗。

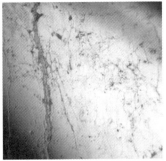
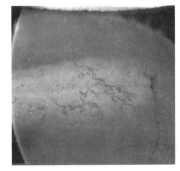

图 6-23　漂白充填处理翡翠的充胶裂隙及示意图（彩图 79）　　图 6-24　裂隙光泽变暗（彩图 80）

③漂白充填处理翡翠的充胶凹坑

由于翡翠中含易受酸碱侵蚀的矿物成分，如铬铁矿、云母、钠长石等，在处理过程中被溶蚀形成较大的空洞，空洞中填充了大量的树脂胶，在抛光过程中形成了凹坑。漂白充填处理翡翠的充胶凹坑见图6-25。

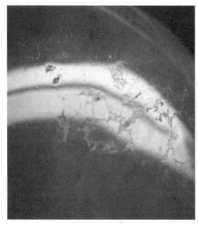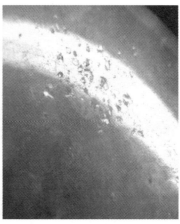

图6-25 漂白充填处理翡翠的充胶凹坑（彩图81）

（5）漂白充填处理翡翠发光特性：大多数漂白充填处理翡翠由于充填物为环氧树脂，在紫外荧光灯下会发荧光，所以大多数漂白充填处理翡翠在紫外荧光灯下会发荧光。漂白充填处理翡翠紫外荧光发光特性见图6-26。但也有少数漂白充填处理翡翠在紫外荧光灯下不发光，同时有少数天然翡翠特别是白色、浅色的翡翠和种粗的翡翠一般会有荧光。所以在应用紫外荧光鉴定漂白充填处理翡翠时，所观察到的现象只起到一个重要的指示作用。

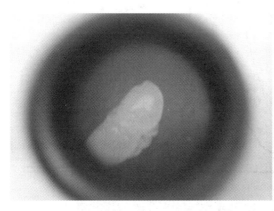

图6-26 漂白充填处理翡翠紫外荧光发光特性（彩图82）

（6）敲击试验：经过漂白充填后的翡翠，其结构被破坏，矿物颗粒间被胶质充填。所以声音在翡翠中的传播受到影响，因此轻轻敲击后发出沉闷的声音，与天然翡翠清脆之声有明显的区别，应注意此方法主要适于翡翠手镯的鉴别。

（7）比重测试：漂白充填处理翡翠由于有胶质物的充填，所以相对密度一般小于天然翡翠，在二碘甲烷重液中上浮。而天然翡翠一般会缓慢下沉。应注意部分天然翡翠也会在3.30的重液中上浮。

（8）漂白充填处理翡翠的红外吸收光谱：

①烃基峰：2870，2928和2964波数的吸收峰，其中2964波数的吸收比2928波数的吸收更为强。

②烯基峰：3035和3058的吸收峰。

③指形峰：当B货翡翠中的树脂胶较多时，这种情况下，由2430、2485、2540和2590波数的4个吸收峰组成的峰系变得更为明显，像手指形状。

漂白充填处理翡翠和天然翡翠的红外吸收光谱对比图谱见图6-27。红色为翡翠B货、蓝色为翡翠A货。

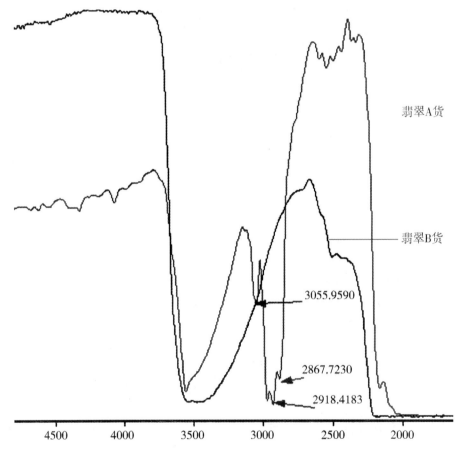

图6-27　漂白充填处理翡翠和天然翡翠的红外吸收光谱对比图谱

（五）漂白充填、染色处理

漂白充填、染色处理的翡翠在行业内俗称为"B+C货"，翡翠经过酸洗后形成多孔的白渣状；对已经呈疏松状的翡翠上色，可以用浸泡到染料溶液中的方法，也可用毛笔涂色的办法，并且可以在所需要的地方涂色，也可以在手镯上涂成色带，也可以涂上多种不同的颜色，也可以在浅绿的翡翠上加色使之更为明显，然后进行充胶固化。漂白充填、染色处理翡翠（B+C货）的鉴定参照上面漂白充填和染色处理翡翠及B货和C货的鉴定特征来进行鉴定。

图6-28　漂白充填、染色处理翡翠（彩图83）

三、翡翠与相似玉石及其仿制品的鉴定

翡翠为玉中之王，有着特征的外观和物理性质，但也不乏有些与翡翠相似的，目前市场上与翡翠相似的玉石主要有钠长石玉、石英岩玉、蛇纹石玉、软玉、水钙铝榴石、符山玉、葡萄石等。翡翠和主要相似宝石的区别为：

1. 钠长石玉

俗称为"水沫子"，钠长石玉是一种"水头"好，呈透明至半透明的和玻璃种、冰种翡翠极为相似的玉石。其飘"蓝花"者和飘"蓝花"玻璃种、冰种翡翠相似程度最为接近。但钠长石玉为粒状结构，光泽弱，折射率点测法常为1.52～1.53、密度为2.60～2.63g/cm³，其密度和折射率均低于翡翠。常用的钠长石玉和翡翠的简易鉴定方法有：

（1）肉眼观察法：钠长石玉内部含有较多的白棉，不可见翡翠特有的"翠性"，结构为粒状感纤维状结构。

（2）手掂法：由于钠长石玉的密度低于翡翠，用手掂起来要较相同体积的翡翠轻。

（3）敲击法：由于钠长石玉与玻璃种、冰种翡翠极为相似，但是同玻璃种、冰种翡翠结构比起来要较疏松、敲击起来声音不如玻璃种、冰种翡翠清脆，比较沉闷。

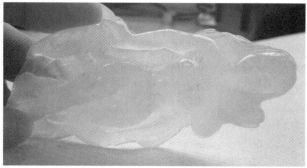

图 6-29　钠长石玉（彩图 84）

2. 石英岩玉

石英岩的特点是粒状结构，不可见"翠性"，其无色透明者市面上常用来仿玻璃种翡翠戒面。石英岩玉的密度为 $2.55 \sim 2.71 \text{g/cm}^3$，折射率为 $1.544 \sim 1.553$ 点测法常为 1.53 或 1.54，均低于翡翠。染色处理的石英岩玉（市场俗称为"马来玉"）除以上特征可以与翡翠区别外，其丝网状颜色分布和吸收光谱可具明显的 650nm 宽吸收带都可以快速和翡翠区分开。

图 6-30　石英岩玉手镯（彩图 85）

图 6-31　染色石英岩其丝网状颜色分布明显（彩图 86）

3. 蛇纹石玉

蜡状至玻璃光泽。蛇纹石玉密度为 2.57（+0.23，-0.13）g/cm^3、折射率为 1.56 ~1.57 均低于翡翠，无翠性。黑色的蛇纹石玉和墨翠在外观上很相似，用肉眼鉴定较为困难，但黑色的蛇纹石玉一般均有金属包体，反射光观察可见表面的金属反光，透射光观察黑色蛇纹石玉可见黑色絮状包体，手掂较墨翠轻。

图 6-32　蛇纹石手镯（彩图 87）　　　　图 6-33　黑色蛇纹石挂件（彩图 88）

4. 软　玉

图 6-34　软　玉（彩图 89）

与翡翠相比，颗粒更为细小，通常在放大 50 倍的情况下见不到矿物颗粒，软玉的外观更为细腻，具典型的油脂光泽，无"翠性"，在抛光面上见不到橘皮现象。软玉的颜色分布比较均匀，而翡翠的颜色通常分布不均匀。软玉中的碧玉和墨玉与绿色翡翠和墨翠较相似，但是软玉的密度为 2.95（+0.15，−0.05）g/cm^3，软玉的折射率为 1.606 ~ 1.632（+0.009，−0.006），点测法：1.60 ~ 1.61，都比翡翠的密度和折射率要小，通过常规仪器测试较好区分。

5. 水钙铝榴石

特点是呈粒状结构，其绿色和黄色者与翡翠肉眼观察极为相似，但是其密度为 3.15 ~ 3.55g/cm^3，折射率为 1.72 均高于翡翠。绿色的水钙铝榴石一般都分布黑色斑点，在滤色镜下变红色，这两点和绿色翡翠区别较大。黄色水钙铝榴石其外型特征和黄色翡翠基本一致，从外观上很难把它们区别开来。但是黄翡为次生色翡翠，其颜色分布不均匀，层次较明显。而黄色水钙铝榴石颜色分布均匀，层次不明显，碰到这样的玉石应多上检测仪器加以区分。

图 6−35　绿色水钙铝榴石（彩图 90）

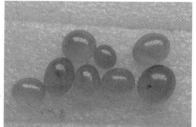

图 6−36　黄色水钙铝榴石（彩图 91）

6. 葡萄石

具放射状纤维结构，纤维构成球形的集合体，形状如葡萄。密度为 2.80 ~ 2.95g/cm^3、折射率为 1.616 ~ 1.649，点测法为 1.63，均低于翡翠。其放射状结构与翡翠的纤维交织结构明显不同，但是也有结构细腻的葡萄石其放射状结构不明显，与结构细腻的糯种翡翠易混淆。

7. 玻　璃

玻璃是市场上最常见的翡翠仿制品，主要有："料器"、脱玻化玻璃。

图 6-37　葡萄石（彩图 92）

（1）"料器"

玉器行业把早期仿翡翠的玻璃称为"料器"。特点是绿色半透明，具大小不等的圆形气泡，肉眼即可辨别。颜色不均，常见旋涡状搅动纹；贝壳状断口；折射率 1.4～1.7 不等；荧光可有可无。在许多祖辈留下的遗物中，绿色仿玉的戒面、帽扣、簪针等大多属于此类。

（2）脱玻化玻璃

大约出现在 20 世纪 70～80 年代，国外称这种仿玉的玻璃为"依莫利宝石"（Imoristone）或"准玉"（Metajade）。经脱玻化作用，使非晶质的玻璃部分"重结晶"，肉眼看上去类似绵状物，形如晶质集合体。但这种脱玻化玻璃的折射率仅为 1.50～1.52，密度为 2.40～2.50g/cm³，硬度为 5，贝壳状断口。

图 6-38　玻　璃（彩图 93）

第二节　软　玉

一、软玉的主要鉴定特征

（一）颜　色

软玉颜色由成分中 Fe 对 Mg 的类质同象替代，导致了软玉颜色的变化。肉眼观察时其单色颜色都非常的柔和和均匀，而复合色则颜色分布不均匀，层次明显。其糖玉品种的糖色由铁的氧化浸染而呈类似于红糖的颜色，俗称"糖色"，其分布非常不均匀，并可见于裂隙之间。

图 6-39　单色软玉（彩图 94）　　图 6-40　复合色软玉（彩图 95）

图 6-41　糖玉的颜色分布（彩图 96）

（二）光　泽

软玉光泽属油脂光泽。古人称软玉"温润而泽"，就是它的光泽带有很特征的油脂性，给人以滋润的感觉。这种光泽很柔和，不强也不弱，既没有强光的晶灵感，也没有弱光的蜡质感，使人看了舒服。白玉中品质最好的羊脂玉就因如羊的脂肪而得名，是最为典型的油脂光泽。通过对软玉典型油脂光泽特征的观察，可以同其他相似玉石的光泽区分开。

图 6-42　软玉的典型油脂光泽（彩图 97）

（三）结　构

软玉矿物颗粒的大小、形态和结合方式可分为毛毡状交织结构、显微叶片变晶结构、显微变晶结构、显微纤维状隐晶质结构、纤维放射状或帚状结构。多为毛毡状交织结构。软玉的结构和相似宝石比起来都要细腻得多，颗粒感不强，这也是一条重要的检测依据。

（四）韧　性

在自然界矿物中软玉的韧性仅次于黑金刚石，韧性高意味着不易破碎、耐磨，使得软玉可以作更为精细的雕工，而不易损坏。软玉韧性很大，这一特点是其他相似玉石所达不到的，通过对软玉这一特征的观察，主要是雕工的观察可以和其他仿制品雕工做个区分，从而给最终检测结果提供参考依据。

图 6-43　软玉的雕工复杂，线条流畅（彩图 98）

二、软玉的优化处理及其检测

软玉的优化处理方式主要有以下几种：

1. 充填处理

近两年，市场上出现了一种被称为"蘑菇玉"的软玉，又有人称其为灌浆软玉，颜色白而均匀，脂性很强，非常像和田软玉中的高档白玉。经过研究，发现这是一种经过充填处理的软玉。

未处理的软玉在紫外灯下为惰性，而这种充填处理的软玉在紫外长波下显示中等强度的白色荧光。个别较大的样品局部中等荧光，部分荧光惰性。短波下的荧光稍弱。此外，充填处理的软玉的相对密度较低，在2.75左右。

2. 浸 蜡
以石蜡或液态蜡充填软玉成品表面达到掩盖裂隙，改善光泽的目的。浸蜡后，软玉有蜡状光泽，包装上可见污染物，热针可熔，红外光谱可见蜡的有机峰。

3. 染 色
对软玉整体或部分进行染色，以达到掩盖玉石瑕疵，或仿仔料的目的。鉴定中可通过裂隙中染料聚集以及颜色只存在表面等特征进行鉴定。

4. 磨圆仿仔料
多将山料人工将其滚圆，用以仿仔料，俗称"磨光仔"。磨圆较差者反射光下隐约可见棱面；磨圆较好者表面光滑，无天然仔料的"汗毛孔"。

5. "做旧"处理
做旧处理多是为了仿古玉。多以染色的形式仿古玉的"沁色"，做旧处理方式比较多，但从颜色、所仿朝代的加工工艺及纹饰等特征方面进行鉴定，属文物鉴定范畴。

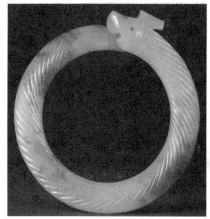

图6-44 做旧处理（彩图99）

三、软玉与相似玉石及其仿制品的鉴定

1. 白色石英岩
商业名称有京白玉、白东陵、卡瓦石等，是一种显微粒状结构的石英岩。其色泽干白，涂油或蜡后极像白玉。主要区别有：
（1）石英岩呈玻璃光泽，没有白玉的光泽油润。
（2）石英岩的相对密度小于软玉，手掂重有"飘"感。
（3）石英岩的颜色"干白"，而白玉大多带有别的色调。

（4）软玉具纤维交织结构，十分细腻，其断口为参差状，而石英岩具粒状变晶结构，其断口为粒状。

（5）一般情况下软玉的透明度低于石英岩。

（6）石英岩的折射率为 1.54 左右，而软玉的为 1.61 左右。

图 6-45　石英岩原石（彩图 100）

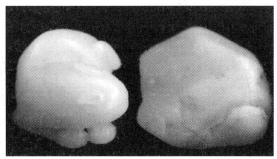

图 6-46　石英岩雕件（彩图 101）

2. 大理岩

商业上称为阿富汗玉，是一种细粒状结构的大理石。这种材料的颜色与几种白玉、青白玉的颜色相似，浸蜡或油后光泽也更接近一些软玉品种。主要的区别为：

（1）阿富汗玉的摩氏硬度在 3 左右，刻划玻璃有明显的打滑的感觉，用小刀很容易在上面划出痕迹。

（2）阿富汗玉大多可见到大致平行的纹理结构。

（3）软玉断口为参差状，而阿富汗玉为粒状断口。

（4）阿富汗玉的化学成分主要是碳酸钙，遇酸起泡。

图 6-47　白色、黑色、俏色阿富汗玉（彩图 102）

3. 岫　玉

岫玉是以蛇纹石矿物为主的玉石，常有与软玉相似的颜色。岫玉还多呈蜡状光泽，也接近软玉的光泽。主要区别为：

（1）岫玉的摩氏硬度低，一般为 3～3.5。

（2）岫玉的韧性只是软玉的四分之一，断口比较平坦。

（3）岫玉的透明度一般都高于软玉，内部常含有棉絮状花斑、黑色矿物等包裹体。

（4）其他宝石学特征与软玉不同。

 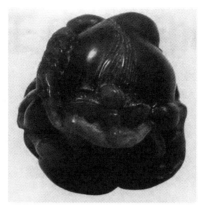 

图 6-48　岫玉图　　　　图 6-49　玻璃仿俄罗斯碧玉　　　图 6-50　玻璃仿白玉
　（彩图 103）　　　　　　　（彩图 104）　　　　　　　　（彩图 105）

4. 玻　璃

玻璃仿制品的特征有：玻璃内部有气泡和流动构造纹，断口呈贝壳状，器具有模铸痕迹。

第三节　石英质玉

一、石英质玉的主要鉴定特征

以石英为主的石英质玉是最常见的一种玉石，颜色丰富，种类繁多。石英质玉根据结构构造、矿物组合、矿物成因可分为隐晶质石英质玉石（玉髓、玛瑙等）和显晶质石英质玉石（石英岩、东陵石等）以及二氧化硅交代的石英质玉石（木变石）

（一）隐晶质石英质玉石

1. 玉　髓

超显微隐晶质石英集合体，肉眼观察不到矿物颗粒，结构非常细腻。玻璃光泽，纤维状结构，颜色非常均匀。

2. 玛　瑙

具有环带、条带状构造的隐晶质石英质玉。其特征的环带、条带状的构造为其重要鉴定特征。

图 6-51　绿玉髓戒面（彩图 106）

图 6-52　玉髓原石（彩图 107）

图 6-53　玛瑙的条带状构造（彩图 108）

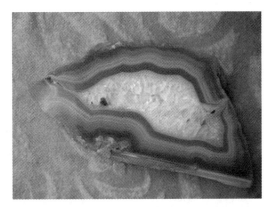

图 6-54　玛瑙原石（彩图 109）

（二）显晶质石英质玉石（通常称为石英岩）

1. 东陵石

东陵石为一种具砂金效应的石英岩，颜色因所含杂质矿物不同而不同。含铬云母者呈现绿色，称为绿色东陵石；含蓝线石者呈蓝色，称为蓝色东陵石；含锂云母者呈紫色，称为紫色东陵石；含赤铁矿者呈红色，称为红色东陵石；含石墨者呈黑色，称为黑色东陵石；含红帘石者呈粉红色，称为粉色东陵石。东陵石矿物颗粒较大，片状矿物包体明显，在日光下片状矿物包体可见砂金效应，为其特征的鉴定特征。其中绿色者由于含铬云母包体，在滤色镜下呈褐红色。

2. 其他石英岩玉

结构呈粒状，粒度较小，为细晶或微晶，一般为 0.01～0.6mm，如颗粒粗大将达到玉级。集合体呈块状，微透明至半透明。常见的有密玉、贵翠、京白玉等。其中无色透明者常与翡翠混淆，可通过折射率、密度、红外光谱的测试区分开。

图6-55 各色东陵石手链（彩图110）

图6-56 绿色东陵石的砂金效应（彩图111）

图6-57 石英岩玉戒面
颗粒感明显（彩图112）

图6-58 石英岩玉手镯，结构细腻者外形和
翡翠极为相似但是手感较轻（彩图113）

（三）二氧化硅交代的玉石（木变石）

木变石，呈纤维状结构。高倍显微镜下观察，"纤维"细如发丝，定向排列，交代的二氧化硅已具脱玻化现象，呈非常细小的石英颗粒。其明显的纤维构造和丝绢状光泽为重要鉴定特征。

图 6-59　木变石的纤维状构造（彩图 114）

图 6-60　木变石的丝绢状光泽（彩图 115）

二、石英质玉的优化处理及其检测

1. 热处理

用于热处理的品种主要有玛瑙和虎睛石。

（1）玛瑙的热处理：玛瑙中除含有三价铁外，尚有部分颜色灰暗的二价铁。如果将含二价铁的玛瑙在氧化条件下加热变成三价铁，则玛瑙的颜色就会变红。焙烧过的玛瑙颜色相对均一，色带的边缘多呈渐变关系，没有天然玛瑙条纹那样清晰分明。经过热处理的玛瑙在性质上与天然的没有什么区别，颜色也比较稳定，是一种优化方法。

（2）虎睛石的热处理：黄褐色的虎睛石在氧化条件下加热处理可转变成褐红色。而在还原条件下加热处理可转变成灰黄色和灰白色，用于仿金绿宝石猫眼。

图 6-61　热处理玛瑙（彩图 116）

图 6-62　热处理虎睛石（彩图 117）

2. 染色处理

（1）玛瑙的染色：目前市场上的绝大部分玛瑙制品是经过染料染色或者糖水处理的。经染色处理的玛瑙表现为极为鲜艳的红色、绿色和蓝色等，和天然颜色区别明显。玛瑙的染色属于优化，定名时不需要指出。

（2）石英岩的染色：石英岩的染色是近十几年来才出现的，它是将石英岩先加热，淬火后再染色的。主要染成绿色，用于仿翡翠，市场上俗称"马来玉"。用放大镜透光观察为丝网状的结构，绿色染色石英岩吸收光谱 650nm 吸收带都为其典型的鉴定特征。

图 6-63　染色石英岩（彩图 118）

3. 酸洗充胶处理

现在市场上出现了很多酸洗充胶的石英岩，其透明度较高，内部比较洁净，外观效果很好。可能是用透明度较差或杂质较多的石英岩质玉处理而成的。鉴定方法与翡翠的 B 货很相似，表面具有酸洗网纹、较强的紫外荧光以及红外光谱中胶的吸收峰。

4. 水胆玛瑙的注水处理

当水胆玛瑙有较多裂隙或在加工过程中产生裂缝时，水胆中的水便会缓慢溢出，直至干涸，整个水胆玛瑙失去其工艺价值。处理的办法是将水胆玛瑙浸于水中，利用毛细作用，使水回填，或采用注入法使水回填，最后再用胶等将细小的缝堵住。其鉴定方法是在水胆壁上有无人工处理的痕迹。在可疑处用针尖轻轻刻划，若发现有胶质或蜡质充填的孔洞或裂隙，则可能经过注水处理。

三、石英质玉与相似玉石的鉴定

大部分石英质玉石由于有独特的结构构造、特征的光泽等，相似宝石较少。其主要的仿制品为玻璃，可通过折射率、密度的测试，气泡的观察，以及在正交偏光镜下玻璃的完全消光或异常消光来区分开。

第四节　欧　泊

一、欧泊的主要鉴定特征

欧泊颜色丰富，在同一块石头上可看到各种绚丽的色彩。最为特征的是其具有的典型的变彩效应，在光源的转动下，可见欧泊上五颜六色的色斑，十分迷人，这也是欧泊优化处理的目的和仿制品要达到的效果。

图 6-64　欧泊的变彩效应（彩图 119）

图 6-65　欧泊原石（彩图 120）

二、欧泊的优化处理及其检测

1. 拼　合

这是欧泊最常见的处理方式，由于欧泊常呈细脉及薄片状产出，所以在首饰加工时，常以二层或三层拼合的方式对欧泊进行处理。

二层石是以薄片的欧泊为上层，底层是玛瑙、石英等其他材料，中间用黑色胶粘结，同时作为黑色背景。三层石是以玻璃或透明石英为顶层，中间是欧泊薄层，底层是其他材料，以黑色胶粘结。有时以有彩虹珍珠层的贝壳作为底层，以增加光彩。除此之外，对于一些碎小的欧泊也经常拼接在一起。

检测二层石最好的方法，当然是观察宝石的侧面。二层石的侧面，必然有颜色突变之处，即上部薄层有美丽多变的变彩，可经过侧面中部某一界线后，一切变彩都突然消失了，变成了毫不美观的灰白色。这样，变彩突然消失处的界限，就是黏合接触线。用放大镜或显微镜细心观察，可以看出接缝线。找到接缝线是最有意义的，因为用整块欧泊琢磨出的成品，也常有变彩突然消失的部位。

图 6-66　拼合欧泊（彩图 121）

不过，二层石欧泊的制造者，为了遮掩上述的缺陷，常常在镶嵌宝石时，故意将二层石欧泊的侧边隐藏在首饰的底托中，使鉴别者无法观察宝石的侧面。在变彩的欧泊宝石成品，都琢磨成半球形的素身石。它的上表面既然为半球状，必然有很大的凸度。二层石的上层欧泊为一薄片，要磨成凸度似半球的弯曲状，须要大而厚的原料，这样就不符合制造二层石省料或利用薄料的目的。同时磨半球状薄片极易破碎，加工难度也太大。因此，二层石欧泊的上层表面都很平坦，或仅略凸出，绝不像纯欧泊宝石那样凸起来像个小馒头。

另外，还可以在强烈的灯光照明下，用放大镜透过宝石表面，看它内部有无黏合面处的气泡。气泡有时看来像压扁了的圆饼状，有时则是一粒粒孤立的闪光的圆球。这都是二层石的标志。

除二层石外，还有三层石。是在二层的表面再加粘一层凸面的水晶薄片，目的是保护中层有变彩的欧泊薄片不被磨损或划伤。三层石的识别法同二层石。

2. 染黑处理

黑欧泊价值较高，故经常对白欧泊进行染黑处理以提高其价值。常用方法有糖酸处理和烟处理。

糖酸处理使用糖先对欧泊进行浸泡然后浸于浓硫酸中使糖炭化变黑。这种欧泊色斑呈破碎小块，仅限于表面，结构为粒状，可见微小炭质斑点在裂隙中分布。

烟处理则是把欧泊用纸包好后加热至冒烟为止，产生黑色背景。但这种黑色仅局限于表面，用针触碰可有黑色物质剥落。

3. 充填处理

通常有注塑和注油两种，在欧泊中注入塑料或油以达到掩盖裂隙的作用，通过放大观察，热针触探可以对其进行鉴别。注塑处理是指往天然欧泊里注入黑色塑料，以达到掩盖欧泊裂隙或使其呈现黑色的背景。经过注塑处理欧泊的密度较天然欧泊的密度低，约 $1.90 \mathrm{g/cm}^3$。用热针检测，触及可闻见塑料的辛辣味。注塑欧泊红外鉴定中有有机质的特征峰。

三、欧泊与相似玉石及其仿制品的鉴定

欧泊主要易与塑料、玻璃仿制品以及拉长石、火玛瑙和彩斑菊石等相混。

1. 塑 料

塑料仿制品为一种聚苯乙烯，为微小聚苯乙烯球体堆积而成，其外形类似于吉尔森合成欧泊。有特征的"蜂窝"和"蜥蜴皮"结构。相对密度在1.18左右，折射率常为1.48或1.49。硬度较低为2.5，小心用针探查，针尖会被扎入塑料。

2. 玻 璃

一种欧泊的玻璃仿制品称为"斯洛卡姆石"，其为玻璃体内有不同颜色的玻璃薄片或金属片，似天然欧泊的变彩效应。但在显微镜下仔细观察发现，这些彩片具有固定不变的界限，边缘相对整齐，而缺少天然欧泊的结构特征。其折射率为1.470～1.700，相对密度为2.30～4.50。

3. 拉长石和火玛瑙

拉长石的变彩与欧泊在外观上有所区别，并且结构和包体均与欧泊不同，通过折射率以及密度等测试容易区分二者。而火玛瑙也可通过常规测试与欧泊区分，火欧泊的折射率和密度都要比欧泊大。

4. 彩斑菊石

彩斑菊石它的出名产地是加拿大，因为表面层距光泽间的绕射效应，呈现其独特类似欧泊的虹彩，让彩斑菊石成为加拿大的国石。彩斑菊石的主要成分为方解石，是一种菊石化石。彩斑菊石和欧泊主要可以根据折射率和密度的不同区分开。

图6-67 拉长石的晕彩效应（彩图122）

图6-68 彩斑菊石又称斑彩螺（彩图123）

四、合成欧泊及其检测

合成欧泊为一种液相沉淀法，这种方法由吉尔森公司所掌握，于1974年投入市场。大概包括了氧化硅小球形成、沉淀、压实和粘接三个过程。

合成欧泊与天然欧泊从成分到外观都非常相似，但经过仔细鉴定还是可以将它们与天然欧泊分开。

1. 结　构

（1）柱状色斑：合成欧泊具有柱状生长方向，在某一特定区内，变彩的颜色是一致的，如果在垂直方向上观察，可显示柱状变彩，具有三维形态。而天然欧泊为二维色斑。

（2）镶嵌状色斑：合成欧泊不同颜色变彩的色斑之间由清晰的边界，紧密镶嵌在一起。

（3）蜂窝状构造：合成欧泊的每一种颜色的色斑，具有蜂窝状特征，也称蛇皮或蜥蜴皮构造。

（4）焰火状构造

俄罗斯的合成欧泊，由于特殊工艺，使 SiO_2 小球产生一定的畸变，使生长区不显柱状色斑特征。外观和结构特征上较接近天然欧泊。但如同放射状的焰火为合成欧泊提供了鉴别依据。

  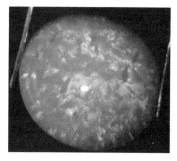

图6-69　柱状色斑（彩图124）　图6-70　蜂窝状结构（彩图125）图6-71　焰火状构造（彩图126）

2. 发光性

大多天然白欧泊有磷光，而合成品均没有磷光。

3. 红外光谱

合成欧泊在 $4000cm^{-1}$ 以下有天然欧泊没有的特征峰。并且水峰与天然欧泊水峰也不相同。

第五节　萤　石

一、萤石的鉴定特征

1. 颜　色

萤石的颜色非常丰富，颜色色调较浅，当加热时，萤石可以完全褪色。色带发育，以紫色萤石最为明显。

图 6-72　萤石原石（彩图 127）

图 6-73　萤石摆件（彩图 128）

2. 折射率和硬度

萤石的折射率为 1.434，硬度为 4，都低于大部分相似宝石，可以通过折射率和密度的测试来区分开。

3. 发光性

在紫外光照射下萤石可有紫或紫红色荧光，阴极射线下萤石可发紫或紫红色光；某些萤石有热发光性，即在酒精灯上加热，或太阳光下曝晒可发出磷光。其中具有明显磷光效应的萤石，常被人们作为"夜明珠"收藏。

二、萤石的优化处理及其检测

1. 热处理

常将黑色、深蓝色萤石热处理成蓝色，颜色稳定，不易检测。

2. 充填处理

在萤石中充填塑料或树脂，其主要目的是愈合表面裂隙，使其在加工或佩戴时不至碎裂。

经充填处理的萤石的鉴定主要有以下几个方面：

（1）放大检查：放大检查裂隙处可见塑料或树脂。

（2）热针试验：热针测试可熔树脂和塑料并伴有辛辣气味。

（3）紫外荧光：紫外荧光观察，充填的塑料和树脂可有特征荧光。

3. 辐照处理

无色的萤石通过辐照可产生紫色。辐照处理的萤石很不稳定，遇光就会很快褪色，因此这种处理方法不具实用价值。

4. 优化处理的萤石"夜明珠"

目前通过优化处理使萤石产生磷光效应的方法主要有：充填磷光粉、涂层、辐照。

（1）充填磷光粉

磷光粉又称夜光粉，是一种人工合成的超细（1500～2000目）夜光材料，由铝酸锶、二氧化硼和稀土元素等按一定比例配制而成。将本身不能发光的天然普通萤石放到磷光粉和胶的混合液中浸泡，并加热，使磷光粉沿着解理和裂隙渗入萤石中，然后进行抛光。经磷光粉充填的萤石，鉴定时可见其解理和裂隙发光性强，其他地方无发光性或发光性较弱。

（2）涂　层

在萤石表面涂上绿色或透明的含有磷光粉的胶。其特点是能在白天较暗的条件下发出很强的绿光或者白光，具体发光颜色是磷光粉控制的。鉴定特征如下：从明亮处转移到暗处，可见发光，或在灯光的照射下就会发光；表面具蜡状光泽，用手摸感觉发涩，用针扎在珠子表面感觉较软。

（3）辐　照

将原来没有磷光效应的萤石通过放射线辐射而使其产生磷光效应。通常可用 γ 射线对萤石进行辐照处理产生磷光效应，因为 γ 射线的能量小，所以该萤石"夜明珠"没有放射性。经 γ 射线辐照的萤石发光时通体均匀，磷光可以保持3个月左右。这种辐射处理的萤石用目前的珠宝鉴定仪器尚不能明确地鉴别出来。

第六节　钠长石玉

一、钠长石玉的主要鉴定特征

1. 颜　色

颜色多为白色或灰白色，有的色调偏蓝。

图 6-74　钠长石玉手镯（彩图 129）

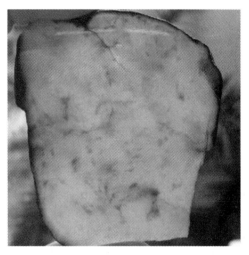

图 6-75　钠长石原石（彩图 130）

2. "白脑"

可见白色或者灰白色透明的底子上分布一些"白脑"和"棉"，形似水中翻起的水花表面的泡沫，钠长石玉的俗称"水沫子"也就这样得来的。钠长石玉底子上这种"白棉"为其重要鉴定特征。

3. 结　构

为粒状变晶结构，颗粒感强。

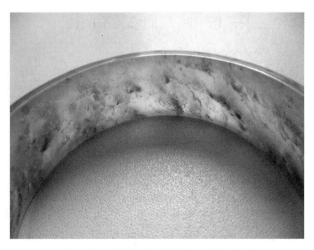

图 6-76　钠长石玉的结构（彩图 131）

二、钠长石玉与相似玉石及其仿制品的鉴定

钠长石玉易与翡翠和石英质玉相混淆，它们的主要鉴别方法如下：

（一）翡 翠

1. 肉眼及放大观察

肉眼或放大观察，钠长石玉不显翠性，并有更多白色、零散的"石脑"和"棉"。

2. 测定折射率

钠长石玉的折射率是 1.52～1.54（点测），而翡翠的是 1.66（点测）。水沫子的折射率要比翡翠低，通过折射率可以较好区分二者。

3. 手掂法

钠长石玉的比重是 2.57～2.64，翡翠的比重 3.33。由于钠长石玉密度比翡翠小许多，因此用手掂起来，明显比翡翠轻。

4. 敲击法

由于钠长石玉是粒状变晶结构，翡翠是纤维交织结构，所以"水沫子"敲击声音沉闷，不如一般翡翠敲击声音清脆。

（二）石英质玉

钠长石玉和石英质玉中颜色透明质地细腻者十分相似，这种相似不仅是外观上的相似，还在于折射率、密度上的相近，折射率基本都为 1.53（点测），比重都在 2.60 左右。但是钠长石玉有 2 组完全解理，而石英质玉无解理，硬度要高于钠长石。另外钠长石玉和石英质玉最快速简便的鉴定方法还有红外光谱的测试，二者有较大区别。

第七节　蛇纹石玉

一、蛇纹石玉的主要鉴定特征

1. 颜 色

蛇纹石玉最常见的颜色为黄绿色，受矿物共生组合的影响，其他颜色还有白色、黑色、棕色、或多种颜色的组合色。

2. 光 泽

为典型的蜡状光泽。

3. 结 构

蛇纹石玉由细小纤维状、叶片状和胶状蛇纹石晶体组成，呈叶片状、纤维状交织结构。质地细腻，用手触摸有滑感。

4. 放大观察

可见到蛇纹石黄绿色基底中存在着少量黑色矿物，灰白色透明的矿物晶体，灰绿色绿泥石鳞片聚集成的丝状、细带状和由颜色的不均匀而引起的白色、褐色条带或团块。

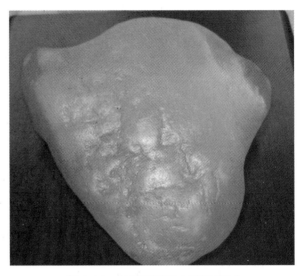

图 6-77 蛇纹石摆件（彩图 132）　　　　图 6-78 蛇纹石原石（彩图 133）

二、蛇纹石玉的优化处理及其检测

蛇纹石玉的优化处理主要有：染色、蜡充填与"做旧"处理。

1. 染　色

染色蛇纹石玉是通过加热淬火处理，产生裂隙，然后浸泡于染料中进行染色。染色蛇纹石玉的颜色沿焠裂纹呈网状分布。铬盐染绿色者可具 650nm 宽吸收带。

图 6-79 染色蛇纹石玉（彩图 134）

2. 蜡充填

这种方法主要是将蜡充填于裂隙或缺口中，以改变样品的外观，充填的地方具有明显的蜡状光泽，用热针试验可以发现裂隙处有"出汗"现象，即蜡可从裂隙中渗出来，同时可以嗅到蜡的气味。

3. 仿古处理

采用化学染料浸泡、浸入油后烤焦、强酸腐蚀等各方法，造成玉器表面呈现出类似古玉器的沁色和腐蚀凹坑，这就是仿古处理。

图 6-80　仿古处理的蛇纹石玉（彩图 135）

仿古处理的步骤：

（1）梅杏水泡：腐蚀其表面模仿风化作用。

（2）涂抹猪血、地黄、红土、炭黑等并加热使之渗入内部。

（3）打蜡。

三、蛇纹石玉与相似玉石及其仿制品的鉴定

与蛇纹石玉相似宝石及其鉴定特点如下表：

表 6-1　　　　　　　　蛇纹石玉与相似玉石及仿制品的鉴定

宝石名称	结　　构	折射率	密度（g/cm^3）	摩氏硬度	其他
蛇纹石玉	片状、纤维状交织结构	1.57（点测）	2.57	2.5～6	颜色均匀、结构细腻
软玉	毛毡状结构	1.61（点测）	2.95	6～6.5	颜色均匀、质地细腻
翡翠	纤维交织结构	1.66（点测）	3.33	6.5～7	颜色不均匀，可见"翠性"
绿玉髓	隐晶质结构	1.53（点测）	2.60	6.5～7	颜色均一、质地细腻
葡萄石	放射纤维状结构	1.63（点测）	2.90	6～6.5	颜色均一

第八节 独山玉

一、独山玉的主要鉴定特征

1. 颜 色

独山玉颜色丰富，由于其组成矿物种类繁多，所以很少见到单一颜色的独山玉。

图6-81 独山玉摆件颜色丰富（彩图136）

图6-82 独山玉原石（彩图137）

2. 其 他

由于独山玉矿物成分较复杂，其折射率、密度等变化较大。不同点测出来的数据会有较大差异。

二、独山玉与相似玉石及其仿制品的检测

1. 翡 翠

优质独山玉的质地细腻，很像翡翠，但二者颜色特征和颜色分布特点也有明显的差异，翡翠的颜色比独山玉颜色艳丽，独山玉为明显的蓝绿色，颜色不明快。翡翠绿色为色根状，由绿色的集合体形成；而独山玉绿色沿裂隙分布，由片状的铬绿泥石集合体形成，翡翠的相对密度（3.25～3.34）和折射率（1.66～1.68）均比独山玉高。

2. 软 玉

有时软玉也有可能与独山玉相混，但仔细观察可以发现二者的光泽有差异，软玉一般为油脂光泽，而独山玉为玻璃光泽-油脂光泽。独山玉质地细腻程度比软玉差，颜色分布比软玉杂乱。

3. 石英质玉

独山玉与石英质玉比较，折射率高于石英玉（1.54～1.55）。石英质玉呈绿色，颜色均匀，而独山玉颜色杂乱。

4. 蛇纹石玉及碳酸岩

与蛇纹石玉及碳酸岩类玉石相比，独山玉的硬度、相对密度、折射率都高。另外碳酸岩类玉多为白色和绿色，遇酸起泡。

第九节　绿松石

一、绿松石的主要鉴定特征

1. 颜　色

绿松石具有独特的天蓝色，常见颜色为浅至中等的蓝色、绿蓝色至绿色。常伴有白色细纹、黑色网脉（铁线）或暗色矿物杂质。

图 6-83　绿松石（彩图 138）　　　　　图 6-84　绿松石原石（彩图 139）

2. 光　泽

光泽类型多样，最常见的为蜡状光泽和油脂光泽，如果抛光很好的平面可达玻璃光泽，而一些浅灰白色的绿松石可具土状光泽。

3. 其　他

绿松石是非耐热宝石，在高温下会失水、爆裂，并且空隙发达。绿松石还会在盐酸中缓慢溶解，这些都是其他相似宝石所没有的特征。

二、绿松石的优化处理及其检测

颜色苍白或质地松散的绿松石，一般需要进行人工优化处理，以改变其颜色和外观。人工优化处理方法主要有以下几种。

1. 染　色

利用绿松石的多孔性，可以向绿松石中注入各种染料或颜料，以达到改善或增加绿松石颜色的目的。

具体做法大都是把绿松石放入染色液中浸泡一段时间，待染色液渗入内部后，再加热去水或使染色液发生化学沉积反应，让蓝色染料吸附在孔隙中，这样就加深了绿松石的蓝色。常用的蓝色染料是苯胺类染料，性质不太稳定，用一滴氨水滴在已染色的绿松石的表面，就可使绿松石褪色，恢复原来的绿色或白色。其他染色剂的颜色不自然或是颜色不稳定。因此，现在染色绿松石越来越少，取而代之的是注入处理的绿松石。

2. 注入处理

注入处理的作用是加深绿松石的颜色，掩盖裂隙和孔隙，增强结构的稳定性。

最早的绿松石注入剂是石蜡和油。但是这种绿松石很容易发生褪色，尤其是受到阳光照射或受热时，褪色更快。现在多以无色或有色的树脂材料作为注入剂，市场上85% 的绿松石都经过了注入处理。

注入处理的鉴别：

（1）注油或蜡：用热针接近绿松石不重要的部位的表面（不要接触），在放大镜下观察，可以看到"出汗"现象。

（2）注塑：用热针的针尖接触绿松石不显眼的部位一下，有塑料燃烧时的特殊气味。

（3）注玻璃料（硅胶）：显微镜下，玻璃具有气泡和收缩纹。

图 6-85　注塑处理绿松石（彩图 140）

三、再造绿松石及其检测

再造绿松石是用一些天然绿松石粉末、各种铜盐或者其他金属盐类的蓝色粉末材料，在一定的温度和压力下胶结而成的材料。可以通过以下几方面进行鉴定：

1. 外　观

再造绿松石外观像瓷器，具有典型的粒状结构。放大检查时，可以看到清晰的颗粒界限及基质中的深蓝色染料颗粒。

2. 密　度

再造绿松石因黏合剂的量不同而具有不同的相对密度。一般为 2.75、2.58、2.06。

3. 光　谱

再造绿松石的红外吸收光谱具有典型的 1725cm^{-1} 的吸收峰。

四、合成绿松石及其检测

由吉尔森生产的"合成"绿松石 1972 年面市，它被认为是原材料再生产的产品，而不是真正意义上的人工合成品。市面上有两个品种，一种为较均匀较纯净的材料，另一种加入了杂质成分，外表类似于含围岩、含基质的绿松石材料。这种"合成"绿松石与天然绿松石的鉴别可从以下几方面考虑。

1. 颜　色

吉尔森"合成"绿松石颜色单一、均匀，而天然绿松石颜色常不均匀。

2. 成　分

吉尔森"合成"绿松石成分均一，而天然绿松石杂质较多，如高岭石、埃洛石等黏土矿物，它们常集结成细小的斑块和细脉充填于绿松石间，还可见石英微粒集结的团块、褐铁矿细脉斑块和不均匀的褐铁矿浸染等。

3. 结构构造

吉尔森法"合成"绿松石采用了制陶瓷的工艺过程。吉尔森"合成"绿松石结构单一，放大 50 倍时，可见到这种"合成"绿松石浅灰色基质中大量均匀分布的蓝色球形微粒，称"麦片粥现象"（cream-of-wheat）。人造铁线纹理的线条比较均匀，分布在表面，一般不会有内凹，天然绿松石铁线的线条不均匀，一般内凹。

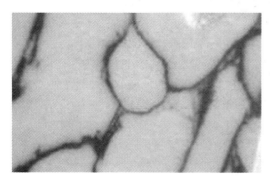 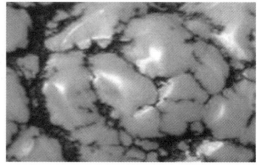

图 6-86　合成绿松石铁线无内凹（彩图 141）　　图 6-87　天然绿松石铁线有内凹（彩图 142）

五、绿松石与相似玉石及其仿制品的鉴定

与其相似的玉石有硅天蓝石、天河石、蓝绿色玻璃、陶瓷等，它们的检测特征如下表：

表 6-2　　　　　　　　　　绿松石与相似玉石及仿制品的鉴定

名　称	密度（g/cm³）	折射率	摩氏硬度	其他检测特征
绿松石	2.65～2.76	1.61	5～6	特征天蓝色，有铁线，白色细纹，硬度较低
天蓝色	3.1	1.62	5～6	蓝色，性脆，玻璃光泽，透明度高
天河石	2.54～2.58	1.522～1.530	6～6.5	绿到蓝绿相间的颜色，玻璃-珍珠光泽，有2组解理
蓝绿色玻璃	2.3～4.5	1.470～1.700	5～6	玻璃光泽，可见气泡、旋涡纹、贝壳状断口
陶瓷	2.3～2.4			玻璃光泽，结构致密，折射率和硬度高于绿松石
染色菱镁矿	3.00～3.129	1.60		不透明的天蓝色，颜色集中于裂隙处，不具有白色条纹、斑块和褐色条纹

第十节　孔雀石

一、孔雀石的主要鉴定特征

1. 颜　色

一般为绿色，但色调变化比较大，孔雀绿为其标志性颜色。可见典型的纹层状、放射状、同心环状颜色构造。

图 6-88　孔雀石的纹层状颜色构造（彩图143）

图 6-89　孔雀石原石（彩图144）

2. 光　泽

玻璃光泽至丝绢光泽。

3. 其　他

孔雀石为含铜的碳酸盐矿物，遇盐酸会气泡，并且易溶解，这个特征为其重要检测特征。

二、孔雀石的优化处理及其检测

孔雀石的优化处理方式有浸蜡和充填处理两种，目的是掩盖小裂隙。放大可见外来物质充填，光泽也与天然孔雀石有差别，用热针可使浸蜡处理的蜡熔化析出，让充填处理的塑料和树脂熔化并产生辛辣气味。

三、合成孔雀石及其检测

合成孔雀石于1982年由俄罗斯试制而成。它是由众多的致密的小球状团块组成。合成孔雀石大小不等，可由0.5千克至几公斤。合成孔雀石颜色外观与天然孔雀石相似，具有较好的纹带结构，棕色、暗绿色或暗蓝色至黑色，所组成的花纹具有带状、波纹状近似同心环状。合成孔雀石的化学成分及部分物理性质如硬度、相对密度、光泽、透明度、折射率以及在大型仪器等方面与天然孔雀石相似。带状合成孔雀石具有由淡蓝至深绿的色带，色带宽从零点几毫米至 3 ~ 4mm 不等，呈直线、微弯曲或复杂的曲线状，其外观与扎伊尔孔雀石相似丝状合成孔雀石是由直径 0.01 ~ 0.1mm 长约几十毫米的丝状微晶集合体，平行于晶体延伸方向切割琢磨成弧面宝石，可呈现猫眼现象，然而

图 6-90　合成孔雀石（彩图 145）

在垂直晶体延伸方向切割时，截面几乎呈黑色。胞状合成孔雀石有放射状和同心带状两

种形式。放射状孔雀石是胞体从相对于球粒核心中央作散射状排列，胞状球体的颜色，在中央几乎是黑色，逐渐由核心向边沿散射而变成淡绿色。同心带状的每个带是由粒度约 0.01~3mm 的球粒状微晶组成，颜色从浅绿到深绿色，外观几乎与著名的乌拉尔孔雀石一样。

合成孔雀石的化学成分、颜色、相对密度、硬度、光学性质及 X 射线衍射谱线等方面与天然孔雀石相似，仅在热谱图中呈现出较大的差异。所以，差热分析是鉴别天然孔雀石与合成孔雀石唯一有效的方法。然而，这种分析属破坏性鉴定，在鉴定中应慎用。

四、孔雀石与相似玉石及其仿制品的鉴定

市场上与孔雀石相似的宝石及其鉴定特征如下表 6-3：

表 6-3　　　　　　　　孔雀石与相似玉石及其仿制品鉴定

名　称	折射率	密度（g/cm³）	摩氏硬度	其他检测特征
孔雀石	1.655~1.909	3.95	3.5~4	孔雀绿色，玻璃到丝绢光泽，遇盐酸气泡，同心条带结构
硅孔雀石	1.461~1.570	2.0~2.4	2~4	折射率、密度、硬度均低于孔雀石
绿松石	1.61	2.65~2.76	5~6	特征天蓝色，有铁线，白色细纹，硬度较低，无同心条带结构
玻璃	1.470~1.700	2.3~4.5	5~6	玻璃光泽，可见气泡、旋涡纹、贝壳状断口
塑料	1.46~1.700	1.05~1.55	1~3	缺少丝绢光泽，条带呈平行的条纹，而不是同心环带

图 6-91　塑料仿孔雀石（彩图 146）

第十一节　青金石

一、青金石的主要鉴定特征

1. 颜　色

中至深的紫蓝色，常伴有"金色"黄铁矿、白色方解石、墨绿色的辉石色斑。其这种颜色的组合方式极为特征。

图 6-92　青金石特征的颜色组合（彩图 147）

图 6-93　青金石矿石（彩图 148）

2. 其　他

青金石在查尔斯滤色镜下呈特征的赭红色；与其共生的方解石遇酸会起强烈反应。

二、青金石的优化处理及检测

1. 上　蜡

某些青金石上蜡可以改善外观，在放大镜下观察可发现有些地方有蜡层剥离的现象。用加热的钢针小心靠近上蜡的青金石但不要接触到，可发现有蜡析出来。

2. 染　色

劣质青金石的颜色可用蓝色染剂来改善，仔细观察可发现颜色沿缝隙富集，在样品不引人注意的部位用蘸有丙酮的小棉签小心地擦拭，应能擦下一些染剂而使棉签变蓝。如果发现有蜡，应先消除蜡层，然后再进行以上测试。

3. 黏　合

某些劣质青金石被粉碎后用塑料黏结，当用热针触探样品不显眼的部位时，会有塑料的气味发出。放大检查时可以发现样品具明显的碎块状构造。

图 6-94　染色青金石（彩图 149）

三、青金石与相似宝石及其仿制品的鉴定

1. 方钠石

方钠石在颜色上与青金石较相似，但根据结构可将两者区分开：方钠石为粗晶质结构，青金石多为粒状结构；方钠石常见白色或淡粉红色脉纹，青金石的白色方解石常呈不规则的斑块状，方钠石内极少见到黄铁矿包裹体，而青金石正好相反；方钠石有时可见解理，青金石不具有解理，方钠石的透明度比青金石高；方钠石的相对密度（2.15~2.35）明显低于青金石（2.7~2.9），这些特点足以把它们区分开。

2. 蓝色东陵石

蓝色东陵石为半透明，玻璃光泽，层状构造，含纤维状蓝线石矿物包体而产生砂金效应，折射率较高，为 1.53，相对密度较高为 3.30 都高于青金石。蓝色东陵石的金属包体与青金石中的黄铁矿颜色不同，蓝色东陵石内的金属矿物包裹体呈灰黑色。

3. 染色碧玉（瑞士青金石）

染色碧玉内颜色分布不均匀，颜色在条纹和斑块中富集，不存在黄铁矿，断口为贝壳状；在查尔斯滤色镜下通常不显示红褐色；相对密度较低；条痕测试时，青金石的条痕通常为浅蓝色，而碧玉的硬度大，没有条痕。

4. 熔结的合成尖晶石

为明亮的蓝色，颜色分布均匀，具粒状结构，可含有细小的金斑以模仿黄铁矿，光泽比青金石强得多，且通常抛光良好；透过查尔斯滤色镜观察，这种材料呈明亮的红色，它完全不同于青金石的红褐色，据此足以把两种材料区分开；折射率和密度高于青金石，并具有典型的钴谱。

5. "合成"青金石

由吉尔森制造并出售的一种人造青金石材料，实际上该材料是一种仿制品，而不是真正的合成材料，且含有较多的含水磷酸锌。这种材料与青金石的鉴别可从以下几方面进行：

（1）透明度：天然青金石是微透明，光线可透过弧面型宝石的边缘，"合成"青金石不透明，光照下边缘不会出现蓝色光晕。

（2）颜色：大多数天然青金石的颜色不均匀，而"合成"青金石颜色分布较均匀。

（3）包裹体："合成"青金石也可含有黄铁矿包裹体，它是将天然黄铁矿材料粉碎后加入到粉末原料中，一般均匀分布在整块材料中，呈碎屑状。而天然材料中的黄铁矿以小斑块或条纹状出现，轮廓不规则。

（4）相对密度：合成青金石的相对密度低于天然材料，一般小于2.45，且孔隙度较高，放于水中一段时间后，重量会有所增加，这一点对镶嵌宝石的鉴别特别有效。

6. 玻 璃

用于仿青金石的蓝色玻璃不具有青金石的粒状结构，并可见有气泡和漩涡纹理。

第十二节　菱锰矿

一、菱锰矿（又称"红纹石"）的主要鉴定特征

1. 颜 色

特征的粉红色，内常有白色物质呈锯齿状或波纹状分布。

图6-95　菱锰矿特征颜色（彩图150）

图6-96　波纹状的白色物质（彩图151）

2. 折射率

块状体在1.60左右。晶体有较大双折射率，高值为1.84的定值，超出折射仪的测

量范围，因此折射仪上仅表现一条可以移动的阴影边界。

3. **其　他**

遇酸气泡。硬度较低，表面易刮伤。

二、菱锰矿与相似宝石及其仿制品的检测

与菱锰矿相似的宝石及仿制品的鉴定特征如下表6-4：

表6-4　　　　　　　　　　　　　菱锰矿与相似宝石及其仿制品的检测

名称	硬度	折射率	解理	遇酸	结构	其他检测特征
菱锰矿	3 ~ 5	1.597 ~ 1.817	三组	反应	粒状结构，锯齿状或波纹状花边机构	颜色呈条带状分布，硬度小
蔷薇辉石	5.5 ~ 6.5	1.733 ~ 1.747	二组	不反应	细粒状结构，致密块状结构	不具条纹，具特征的半透明至不透明的粉红至紫红色外观，表面有一些黑色斑点和纹理。
粉红色玻璃	2.3 ~ 4.5	1.470 ~ 1.700				玻璃光泽，可见气泡、旋涡纹、贝壳状断口

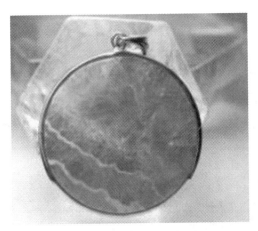

图6-97　菱锰矿挂件（彩图152）

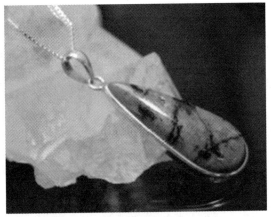

图6-98　蔷薇辉石挂件（彩图153）

第十三节　葡萄石

一、葡萄石的主要鉴定特征

1. 颜　色
特征的黄绿色，其他还有白色、黄色、浅红色等。

图 6-99　葡萄石吊坠（彩图 154）

图 6-100　葡萄石原石（彩图 155）

2. 结　构
葡萄石具有特征的纤维结构、放射状结构，可以和绝大多少相似玉石相区分。

图 6-101　葡萄石特征的放射状结构（彩图 156）

3. 其　他

由于葡萄石具有纤维结构，偶见猫眼效应。

二、葡萄石与相似宝石及其仿制品的鉴定

市场上与葡萄石相似的宝石及其仿制品的鉴定特征如下表6-5：

表6-5　　　　　　　　　　　　葡萄石与相似宝石及仿制品鉴定

宝石名称	结　构	折射率	密度（g/cm³）	摩氏硬度
葡萄石	放射纤维状结构	1.63（点测）	2.90	6~6.5
软玉	毛毡状结构	1.61（点测）	2.95	6~6.5
翡翠	纤维交织结构	1.66（点测）	3.33	6.5~7
绿玉髓	隐晶质结构	1.53（点测）	2.60	6.5~7
蛇纹石玉	片状、纤维状交织结构	1.57（点测）	2.57	2.5~6

第十四节　黑曜岩

一、黑曜岩的主要鉴定特征

1. 颜　色

颜色主要为黑色，颜色分布不均匀，常带有白色或其他杂色的斑块或条带。

图6-102　黑曜岩手链（彩图157）

2. 其他鉴定特征

为天然玻璃的一个品种，检测特征几乎和玻璃一样，为玻璃光泽、贝壳状断口、均质体。

二、黑曜岩和仿制品的鉴定

在检测中，黑曜岩容易与人造玻璃相混淆，但可以通过以下方法相区分：

（1）人造玻璃的折射率变化范围大，可从1.4～1.7，而黑曜岩的折射率相对固定，为1.49。

（2）人造玻璃的密度随其添加剂的变化而变化，而黑曜岩的密度则相对固定。

（3）放大检查可见人造玻璃中有气泡、旋涡纹等特征，而黑曜岩则可见晶体包体或似针状包体，通常黑曜石磨光面有圆圈状晕彩。

第七章　有机宝石检测技术

由古代生物和现代生物作用所形成的符合宝石工艺要求的有机矿物或有机宝石，是来自于含有有机材料，称为有机宝石，皆由动物、植物、生物所衍生的。市场上常见的如珍珠、琥珀、象牙等。由于有机宝石易受污染，所以一般的检测方法不适用，主要依据肉眼检测和大型仪器检测。

第一节　珍　珠

一、珍珠的主要鉴定特征

1. 光　泽

珍珠的光泽为特征的珍珠光泽，珍珠光泽主要是从珍珠内部细密结构层——珍珠层反射出来，并经过光的衍射产生的特有光泽。对这种光泽，应避开直射光线，在暗光下观察。这类似于在暗视域宝石显微镜下，观察宝石内部的生长线和内含物。在弱光照明下，反映珍珠层厚薄的珠光强弱，显得特别清晰。用塑料薄膜覆层的工艺珠，塑料薄膜反射出来的光"贼亮"。用涂料涂层的工艺珠，光泽有一定的欺骗性，要仔细辨认。

图 7-1　珍珠及其特征的珍珠光泽（彩图 158）

2. 表面特征

可看到珍珠表面由各薄层堆积所留下的各种形态花纹，有平行线状、平行圈层状、不规则条纹、漩涡状、花边状，类似于地图上的等高线，也有完全光滑无纹的，在电子显微镜下可清晰地看到台阶状的碳酸钙结晶层，每层都由六方板状的结晶体和胶态物质平行连结而成，其间有许多小空隙。

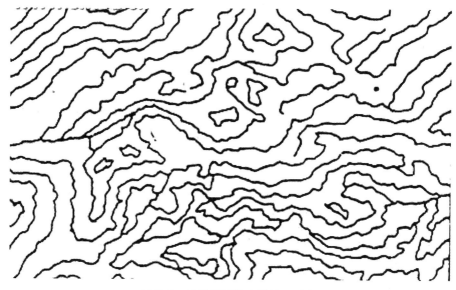

图7-2　珍珠表面等高线纹理形态

3. 手　感

用手摸伪珠有腻感，真珍珠爽手；挂在颈项上有凉快感。

4. 牙　试

将珍珠沿着牙齿的尖峰磨擦会有砂感；好珠的砂感特别均匀，感觉简直好极了。用牙齿轻咬珍珠表面，若感觉平滑，质地坚硬或柔软，则必然是假珍珠；若有砂感，则可肯定是天然珍珠。这是因为，构成珍珠层的微细文石晶体，排列是整齐有序的，呈叠瓦状排列。因此，磨擦时会使人感觉好像有砂似的，但此种方法一般不使用有破坏性。

5. 两珠相互摩擦

将两颗珍珠相互摩擦。若感到非常光滑、毫无摩擦阻力，则是假珍珠；若稍有阻涩感，则是真珍珠。

二、珍珠的优化处理及其检测

1. 漂　白

双氧水常用于去除珍珠表面及浅层的污物、黑斑及黄色色素。双氧水的温度控制在$20 \sim 30℃$，$pH=7 \sim 8$，将珍珠浸泡其中并辅以紫外线或阳光照射，几天至两周后可将珍珠漂白。若先将珍珠穿孔再浸泡，效果会更好。这种漂白方法不易对珍珠产生损害，被广泛采用。除此之外，还可用氯气、次氯酸进行漂白，但它们的漂白能力比双氧水强，时间和浓度稍有不当便会使珍珠形成白垩状或粉状表面。目前，有一种新技术，即采用能发蓝白色荧光的物质作增白剂施于珍珠表面或填充于珍珠内层和裂隙中，以起到增白的作用。

2. 染　色

珍珠内部的多孔结构使珍珠的染色成为可能。一般只需将珍珠脱水后浸入染剂即可。依此法可将珍珠染成桃红、黄色、赤红色、蓝色。对有些颜色不好的珍珠，还可采用化学方法染黑。即将珍珠浸入硝酸银和氨水中，然后将珍珠暴露于阳光之下或放入硫化氢气体中还原，便可使金属银粉析出并附于珍珠表面及孔隙中使珍珠呈现黑色。

我国广西某公司于 2002 年开发出一种新的技术，即在手术时将染色了的珠母小珠及外套膜小片植入，这样获得的有核珍珠因为核的颜色透过薄的珍珠层而呈现出颜色，主要有玫瑰红、翡翠绿、海水蓝和银灰色。这种珍珠色彩丰富而艳丽，备受消费者青睐。而且，染色的核被后来生长的珍珠层所封闭，所以不易褪色。

3. 辐　照

早在 20 世纪 50 年代，日本就开始了用 γ 射线辐照方法对珍珠的改色研究。颜色阴暗不易漂白的珍珠，常用 γ 射线或高能电子进行辐照可获得绿色、蓝色、紫色、黑色等颜色，改色效果稳定。用 γ 射线及电子加速器辐照改色成本较低，无残余放射性的危害。大多数淡水珍珠可处理成与天然黑珍珠相似的颜色，而海水珍珠辐照后只由有由淡水贝壳磨制的核变黑了，但核的黑色，透过表面珍珠层而使珍珠整体呈银灰色。传统的珍珠辐照改色理论认为珍珠中 $MnCO_3$ 在 γ 射线辐照下氧化成 Mn_2O_3 或 MnO_2 使珍珠变黑。我们通过大量的测试分析研究表明，除了锰的氧化外，珍珠中有机质和水在辐照作用下的放射化学反应可能是珍珠辐照改色的重要原因。

4. 剥　皮

剥皮是一种修补珍珠的方法。即用一种极精细的工具小心地剥掉珍珠表面不美观的表层，以在其下找到一个更好的层作表面。此项技术难度大，一般由专门的技术人员来完成。如果此技术应用得好，可使一个近于褪色、失去光泽的天然黑珍珠重现美丽色泽，但若应用不当则可能毁掉整个珍珠。

三、天然珍珠与海水珍珠及仿制品的鉴定

珍珠由于具有特殊的光泽和构造，和其他宝石差异较大，市面上主要可见珍珠的仿制品。

1. 天然珍珠和养殖珍珠的区别

从目前的情况看，海水养殖珍珠一般为有核养珠，淡水养殖珍珠一般为无核养珠，但也有淡水有核养殖珍珠投入市场。对于有核养殖珍珠，由于珠核的存在，加之珠核主要由贝壳制成，因此，导致有核养殖珍珠与天然珍珠间内部结构和珍珠层结构存在明显的差别。鉴别时可主要根据这种结构差别加以区分，淡水无核养珠与天然珍珠间也在许多方面存在差别。为此，天然珍珠与养殖珍珠的鉴别方法可归纳如下：

（1）肉眼及放大观察：天然珍珠质地细腻，结构均一，珍珠层厚，光泽强，多呈凝重的半透明状，外形多为不规则状，直径较小；养殖珍珠多为圆形、椭圆、水滴形

等，直径较大，珍珠层较薄，珠光不及天然珍珠强，表面常有凹坑，质地松散。

（2）强光照明法：天然珍珠看不到珠核与核层条件，无条纹效应；有核养珠可以看到珠核、核条带，大多数呈现条纹效应。

（3）X射线衍射法：天然珍珠劳埃图中出现假六方对称图案斑点；有核养殖珍珠出现假四方对称图案的斑点，仅一个方向出现假六方对称斑点。

（4）X射线照相法：天然珍珠显示为一完整由外向中心的同心圆线；无核养殖珍珠，也显示为一系列同心线条，但在中心部位出现一个不规则的中空部分。有核养殖珍珠，则在同心圆结构的核的部位出现围绕核部的一条强的线。这些现象与珍珠的结构有关。

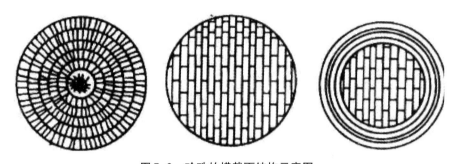

图7-3　珍珠的横截面结构示意图

a. 天然珍珠，无核或有异物；b. 珠核；c. 海水养殖珍珠，有巨大的珠核

（5）荧光法：天然珍珠在X射线下大多数不发荧光；养殖珍珠在X射线下多数发荧光和磷光（蓝紫色、浅绿色等）。

（6）密度差鉴别法：一般养珠因有珠核，比重较大，天然珍珠较轻，因此，往往在2.7。

表7-1　　　　　　　　　　　　天然珍珠和养殖珍珠的鉴别

鉴别方法	天然珍珠	养殖珍珠
经验法	质地细腻，透明度、光泽较养殖珍珠好，外形多为不规则，直径较小。	形状多为圆形，个头较大，珠光不及天然珍珠强
放大观察	结构均一，透明度好，有强烈晕彩与光环，表面有细小纹丝，质地细腻，表面光滑，珠层较厚。	可看到突出的珍珠母核的一些平行层灰白相间的条带，呈半透明的凝脂状外表，表面常有凹坑，质地松散，珠光不如天然珠强。
光照透射法	看不到珠核、核层条带，无条纹效应	大多数呈现条纹效应，可以看到珠核、核层条带
X射线衍射	劳埃图上出现六方图案的斑点，核小或无，珍珠层厚	出现四方图案的斑点，有珠核（大），珍珠层薄

续表 7-1

鉴别方法	天然珍珠	养殖珍珠
X 射线照相	可显示为一完整由外向中心的同心圆线	无核养殖珍珠，也显示为一系列同心线条，但在中心部位出现一个不规则的中空部分。有核养殖珍珠，则在同心圆结构的核的部位出现围绕核部的一条强的线
X 荧光法	在 X 射线下不发荧光（海珠）	在 X 射线下发荧光（蓝紫色）
密度差鉴别法	在密度为 2.713g/cm³ 的重液中有 80% 的漂浮	在同样重液中有 90% 下沉

2. 珍珠的仿制品

（1）塑料珠

是由塑料制成的珠子，外面涂有珍珠颜料，看起来很漂亮，其特点是手感很轻。

（2）玻璃珠

早在 17 世纪，玻璃已被用来模仿珍珠，一位法国玫瑰厂家的祖坤（Joquin），发现洗过鱼的水留下一种闪光的物质，使用这些物质浓缩制成珍珠颜料。1656 年祖坤便开始仿制珍珠，他是用空心的玻璃珠子浸入酸性气体中，将玻璃的光泽除去，然后用他发明的珍珠颜料涂在珠子内部，再放入蜡或胶使珠子重量增加，这类仿制品在古老的首饰品中常出现。

（3）实心玻璃珠

也称马约里卡珠（Majorca）。是西班牙人发明的仿珍珠，由于工序精细，可以假乱真，享誉各国。马约里卡珠是由乳白色的玻璃制成核，然后在表面涂上一种特殊的用鱼鳞制成的闪光薄膜。优质的仿制珠，要涂上 30 多层，每层需在不同的时间涂上，这样可产生光的干涉和衍射，使表面形成灿烂的色彩，在珠核覆膜过程中，要进行几道浸液的烘干，清洗和抛光的工序，最后一步是使用一种特殊的化学浸液，可能是醋酸纤维素和硝酸纤维素来聚合有机物质，使表面硬化，以免产品受损，这种仿制珠，其外形与海水养殖珠极相似，常被镶嵌于现代款式的 K 金首饰上，产品畅销全球。

（4）贝壳珠

用贝壳磨成珠子，然后在珠子表面涂上珍珠颜料，制成贝壳珠。

3. 珍珠与仿制品的鉴定特征

珍珠具有独特的外观，其珍珠光泽、表面特征和内部结构是它与仿制品的主要区别。常见的仿制珍珠主要有涂层玻璃珠、涂层塑料珠、涂层壳珠和粉末压制而成的珠。主要的鉴别特征有：

（1）形状与大小：珍珠呈不同程度的圆形或不规则形。一串项链中的珍珠大小、颜色、形状很少完全一致，仿珍珠一般圆度极好，大小、颜色和光泽都完全一致。

（2）表面特征：珍珠表面有等高线状纹理，用牙在珍珠表面轻轻地摩擦，会有砂质感。仿制珍珠表面光滑，用牙磨擦会有滑感。使用这种方法要十分小心，尤其对高档品，否则会损坏珍珠。镀层的仿制珍珠在强光透射下可见细小斑点。

第二节　硅化木

一、硅化木的主要鉴定特征

1. 外形特征

硅化木为化石，可以观察到它的原生态，如树干、树杈、树根、树结、蛀孔、年轮等特征有较好的保存。

图 7-4　硅化木的原石（彩图 159）

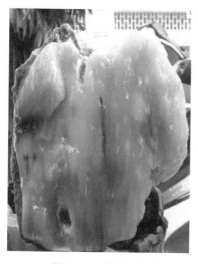

图 7-5　硅化木成品也可见原生态的一些特征（彩图 160）

2. 结　构

其独特的树木纹理，细腻的玉质结构，以及颜色的组合都可以将其与其他宝石相区别。

二、硅化木与相似宝石的检测

在检测过程中最容易与硅化木混淆的宝石主要是木变石，因为二者同为石英类矿物，有相同的物理性质，外形也十分相似。但是木变石为一种硅化石棉，保留了石棉的纤维状结构，外观非常类似于木制品。而硅化木是真正的木化石硅化而成，保留了树木的木质结构和纹理。二者的区别还主要有：

1. 颜　色

硅化木颜色较浅，而木变石颜色更深更鲜艳。

2. 结　构

硅化木的结构更为细腻，而木变石有更为特征的纤维结构。

3. 光　泽

硅化木的光泽为蜡状光泽，良好抛光面可具玻璃光泽。木变石则为特征的丝绢光泽。

第三节　琥　珀

一、琥珀的主要鉴定特征

1. 颜　色

琥珀的颜色种类繁多，其品种主要按颜色来区分，其中以金黄色最为特征，也有红色，绿色和极为罕见的蓝色。影响琥珀色彩的原因有很多，成分、年代、地质和温度都是主要的因素，出土较久的琥珀往往会因为氧化而加深其颜色。

2. 比　重

琥珀密度小，可在在饱和的盐水中可以悬浮，而其他仿制品大部分下沉。

3. 刀　刮

琥珀不可切，用小刀在样品不显眼部位切割时，会产生小缺口；而塑料仿制品具可切性，会成片剥落。

4. 放大观察

琥珀具有特殊的内含物，特征的流动状纹理、动植物的包裹体等，琥珀虽有这些特征，但是热处理的琥珀和仿制品都可以具有这些特征，还需要进行系统的检测才能区分。

图 7-6　琥珀的特征包体和内含物（彩图 161）

二、琥珀的优化处理及其检测

1. 热处理

将内部呈云雾状琥珀放入植物油中，用适当的温度进行加热，或只在琥珀的表面进行加热。目的是使琥珀变得更加透明，同时琥珀中的小气泡由于受热膨胀爆裂而产生叶状裂纹，通常称为"睡莲叶"或"太阳光芒"的包体，或者加热成老琥珀（老蜜蜡）状。

鉴定方法：热处理琥珀一般与未处理琥珀没有太大的区别，只是更加"清澈"和"花"更多了，经过热处理仿"老蜜蜡"琥珀的折射率偏高，点测一般为 1.56。

2. 染色处理

将脱水并有不同程度裂纹的琥珀放入染剂中进行染色。目的是仿琥珀老化的特征或是得到其他颜色的琥珀。

鉴定方法：放大观察可见颜色只存在于裂隙中，透光可见裂隙中的颜色浓集。

3. 再造（压制）处理

将琥珀碎屑或边角料破碎成一定粒度并除去杂质，在适当的温度、压力和特殊装置中烧结；压制时的温度、压力和时间的不同可以得到不同的产物，同时其内部特征也有一定的差异；如果在压制过程中添加其他的有机物，如染料、香味剂及黏结剂等，并经

图 7-7　经热处理的琥珀（彩图 162）

较高的温度和较长的时间，可以得到均匀、透明、没有流动构造的压制琥珀或流动构造很强的再造蓝珀。目的是形成较大块的琥珀，便于制作琥珀饰品。

鉴定方法：

（1）未熔融颗粒

压制琥珀在压制过程中内部颗粒可能还未被完全熔融，放大观察可以发现在琥珀内部存在未熔解固体琥珀颗粒或者可以看到颗粒局部的轮廓或边缘。

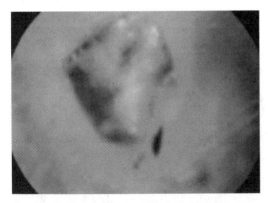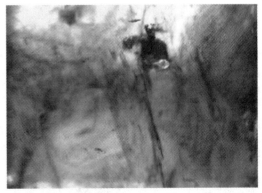

图 7-8　压制琥珀中未熔颗粒（彩图 163）　　图 7-9　压制琥珀内部血丝状物分布（彩图 164）

（2）血　丝

压制琥珀中有一种产物，通过肉眼可以观察到压制琥珀中存在一些红色的血丝状物质，其形态类似于交错的毛细血管，呈丝状、云雾状或格子状分布在琥珀内部。这是由于琥珀长期暴露在空气中，随着时间的推移，其表层被氧化，形成了一层薄薄的红色氧化膜，越靠近表面受到的氧化作用就越明显，颜色就越红，而琥珀内部仍保留其原有的颜色。琥珀在压制过程中，颗粒表层氧化层分子没有扩散均匀，就会看到颜色较深的血丝状颗粒表层痕迹。

（3）气泡特征

天然琥珀本身就存在气泡，压制琥珀的气泡更加丰富，除了琥珀本身包含的气泡外，颗粒与颗粒、粉末之间以及搅动过程都会形成新的气泡。压制琥珀气泡分布密集且细小，常分布于颗粒的结合处和边界附近。

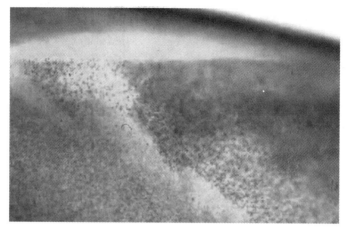

图 7-10　压制琥珀中颗粒的边界附近存在大量细小气泡（彩图 165）

（4）消光特征

琥珀是有机质非晶质宝石，在正交偏光镜下应为全消光，因局部结晶而发亮，所以表现为异常消光。压制琥珀是由多块琥珀受热凝结在一起的，在正交偏光镜下有时可表现出斑块状彩色条纹。

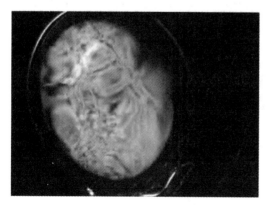

图 7-11　正交下压制琥珀的
斑块状彩色干涉条纹（彩图 166）

图 7-12　紫外荧光下压制
琥珀颗粒状荧光（彩图 167）

（5）发光现象

压制琥珀在紫外荧光灯下，有时会把压制原料——琥珀颗粒的边缘和轮廓显现出来，可以清晰地看到单个个体的结合和颗粒的形状，但并不是所有压制琥珀中都可以看到。

三、琥珀与相似品的鉴定

与琥珀相似的宝石主要有：硬树脂、松香、塑料类、玻璃和玉髓等，其鉴别特征见。

表 7-2　　　　　　　　　　琥珀与相似宝石和仿制品的鉴别特征

品种	折射率	密度（g/cm³）	硬度	其他特征
琥珀	1.54	1.08	2.5	缺口，含动植物包裹体，燃烧具芳香味
酚醛树脂	1.61~1.66	1.28	.	可切，流动构造，燃烧具辛辣味
氨基塑料	1.55~1.62	1.50		可切，流动构造，燃烧具辛辣味
聚苯乙烯	1.59	1.05		可切，燃烧具辛辣味，易溶于甲苯
赛璐珞	1.49~1.52	1.35	2	可切，易燃，燃烧具辛辣味
酪朊塑料	1.55	1.32		可切，流动构造，燃烧具辛辣味
有机玻璃	1.50	1.18	2	可切，气泡，燃烧具辛辣味
玻璃	变化大	2.20	4.5~5.5	不可切，气泡、旋纹
玉髓	1.54	2.60	6.5	不可切
硬树脂	1.54	1.08	2.5	遇乙醚软化
松香	1.54	1.06	<2.5	燃烧具芳香味

用肉眼和常规仪器检测琥珀及其仿制品，检测结果较接近，要得到准确结论还需用大型仪器加以检测，但是大型仪器对琥珀的检测基本都属有损检测，程序复杂，对宝石鉴定初学者不推荐使用。

第四节　珊　瑚

一、珊瑚的主要鉴定特征

最为主要的鉴定特征就是珊瑚独特的结构。钙质型珊瑚在纵截面上具有珊瑚虫腔体，表现为颜色和透明度稍有变化的平行波状条纹，在横截面上呈放射状、同心圆状结构。角质型珊瑚的横截面显示环绕原生枝管轴的同心环状结构，与树木年轮相似，纵面表层具有独特的小丘疹状外观。

二、珊瑚的优化处理及其检测

1. 漂　白
珊瑚通常要用双氧水漂白去除杂色，还可将深色漂白成浅色。

2. 染　色
将白色珊瑚浸泡在红色或其他颜色的有机染料中染成相应的颜色。早期染色制品可用有机试剂检测其褪色现象或放大观察染剂在缺陷处的富集现象，现代染色制品需进一步鉴别其有机染剂的成分。

3. 充填处理
用高分子聚合物充填多孔的劣质珊瑚。充填处理的珊瑚，密度低于正常珊瑚。热针实验有胶析出。

4. 覆膜处理
对质地疏松或颜色较差的珊瑚进行覆膜处理，常见的材料是黑珊瑚。覆膜黑珊瑚光泽较强，丘疹状突起较平缓，用丙酮擦拭有掉色的现象。

三、珊瑚与相似品的鉴定

（1）相似宝石的鉴别：与珊瑚相似的宝石品种有染色骨制品、染色大理岩、贝珍珠等，可通过观察结构、酸性试验、密度等来鉴别。

（2）仿制品的鉴别：珊瑚的仿制品主要有吉尔森珊瑚、红玻璃、塑料和木材，可通过外观观察结构、密度等来鉴别。

表 7-3　　　　　　　　红珊瑚与仿制品的区别

名称	颜色	透明度	光泽	折射率	密度（g/cm³）	摩氏硬度	断口	其他特征
红珊瑚	血红色、红色、粉红色、橙红色	不透明到半透明	油脂光泽	1.48～1.65	2.7±	4.2	平坦	具平行条纹、同心圈层及白心结构，颜色不均，有虫穴凹坑，遇酸起泡
吉尔森珊瑚	红色颜色变化大	不透明	蜡状光泽	1.48～1.65	2.44	3.5～4	平坦	颜色分布均匀，具微细粒结构，遇酸起泡

续表 7-3

名称	颜色	透明度	光泽	折射率	密度（g/cm³）	摩氏硬度	断口	其他特征
染色骨制品	红色	不透明	蜡状光泽	1.54	1.7～1.95	2.5	参差状	颜色表里不一，摩擦部位色浅，片状特性，具骨髓、鬃眼等特征，不与酸反应
染色大理石	红色	不透明	玻璃光泽	1.48～1.65	2.7±0.05	3	不平坦	具红色粒状结构，无色带结构遇酸起泡，并使溶液染上颜色
红色塑料	红色	透明到不透明	蜡状光泽	1.49～1.67	1.4	<3	平坦	用热针接触有辛辣味，铸模痕迹明显，常有气泡包体，不与酸反应
红色玻璃	红色	透明到不透明	玻璃光泽	1.63	3.69	5.5	贝壳状	常有气泡包体，不与酸反就
处理珊瑚	红色	不透明	蜡状光泽	1.48～1.65	2.7±0.05	4.2	平坦	用蘸有丙酮的棉签擦拭可使棉签着色，遇盐酸起泡
贝壳珍珠	淡红色粉红色	不透明	蜡状光泽	1.48～1.65	2.85	3.5	参差状	闪光，遇酸起泡

第五节　象　牙

一、象牙的主要鉴定特征

1. 颜　色
特征的乳白、白、黄白、瓷白等。

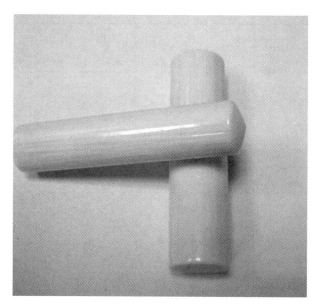

图 7-13　象牙的颜色（彩图 168）

2. 结　构

有特征的勒兹纹，纵向有逐渐由粗变尖，纵切面为平行波状线。

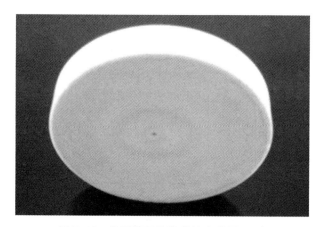

图 7-14　象牙特征的勒兹纹（彩图 169）

3. 光　泽

油脂光泽或蜡状光泽。

二、象牙与相似品的鉴定

1. 象牙与其他动物牙齿的鉴别

表 7-4 象牙与其他动物牙齿的鉴别

名称	摩氏硬度	密度（g/cm³）	折射率	结构特征
象牙	1.9~2.0	1.75	1.53~1.54	在横截面上，象牙的勒兹纹理线呈十字交叉状或旋转引擎状纹理，纵截面上呈行波纹线
海象牙	2.75	1.95	1.560	在海象牙中可见到较平缓的波纹状起伏，横截面上常见次级牙质核，结构粗糙
河马牙	2.63	1.90	1.545	横截面上显示排列密集约呈波纹状的细同心线，结构较象牙致密、细腻
一角鲸牙	2.75	1.95	1.560	横截面显示多少带点棱角的同心环，而且在中空的纵截面显示粗糙，近似平行且逐渐收敛的波纹线
抹香鲸牙	2.63	1.95	1.560	截面一致，有牙质厚外层和规则年轮状环
公野猪牙	2.50	1.95	1.560	牙的横截面几乎为三角形，并且部分是中空
化石象牙	2.63	1.83	1.540	大部分石化，可利用部分的结构与象牙相似
猛犸牙	2.5	1.80	1.540	外观与象牙相似，但它常有指向外表面的裂纹

2. 象牙及其仿制品的检测

（1）骨制品。致密型骨制品与象牙在外观、折射率、比重等方面都很相似，但其结构有所不同。动物骨骼具空心管状构造，在横截面上这些细管表现为圆形或椭圆形，在纵切面上表现为线条状。当污垢管中时，这些结构更为明显。重量上，牙雕比骨刻的分量重。质地上，象牙细腻，有细小的波纹；骨头比较粗糙，纹路也粗。象牙制品油润发亮，骨头制品显得干涩。颜色上，牙雕往往呈象牙的白色，骨漂白，也给人一种油润的洁白感，而骨刻制品漂白后仍显得干涩。

（2）植物象牙：就是用象牙棕榈和杜姆棕榈的果实制成的仿象牙材料。其结构与象牙不同，密度也比象牙低。

图 7-15 植物象牙（彩图 170）

（3）塑料：为了模仿象牙纵切面的条纹而把塑料压成薄片，但这种条纹比象牙规则得多，而且不能产生"旋转引擎"花纹。

三、象牙的优化处理及其检测

1. 漂　白

是将日久变黄或是本身带有黄色调的象牙，浸泡于双氧水等氧化性溶液中，以去除黄色，达到提高象牙档次和价值的目的。漂白是大多数象牙必做的优化处理。稳定，不易检测，并为公众所接受。

2. 浸　蜡

增强其光泽以改善外观。可见表面蜡感，不易检测。

3. 做　旧

在市场上，常常会看到一些故意做旧的象牙雕刻品，其材料本身是象牙，但是新象牙，为了冒充旧牙雕，作伪者通过各种手段，使新象牙牙色变得旧黄，以期假冒古董而获取厚利。常用的作伪方法有以下几种：

（1）将新象牙沉浸在浓茶水中加热，或置于咖啡汁中浸泡数周或数月之久。

（2）将象牙制品浸泡在松节油中，在阳光下曝晒三四天。

（3）将新象牙放在烘炉和冷冻柜里交互烘烤和冻结，使之热胀冷缩过度而产生裂痕，冒充古旧象牙的自然裂缝。

（4）置于烟中熏烤，使新象牙的颜色与旧象牙的相似。经烟熏后，某些易挥发的类似焦油一样的物质便均匀地粘附在新象牙的表面。但用这种方法作伪，其色泽可以被沾有汽油或酒精等有机溶剂的布擦掉，假色擦去后，依然保持着新象牙原来的自然色泽。有时，用低劣手法作伪的颜色，还可以被温水和肥皂水洗去。民国时期，曾流行用染料来染色，以达到做旧的目的。被染色的象牙，整体颜色都均匀一致，然而随着年代而自然变旧的象牙颜色，其最暴露于外的部分，显得更暗一些。

第六节　玳　瑁

一、玳瑁的主要鉴定特征

1. 颜色及结构

一般为白底黑斑或黄底暗褐色斑。色斑多呈褐、黄、黄褐及黑色。在放大观察下可见许多圆形色素点堆聚组成了边界不规则的色斑。色素点愈密集，则色斑颜色愈深。

2. 相对密度

为1.29，比塑料大。

图 7-16 玳瑁制品（彩图 171）

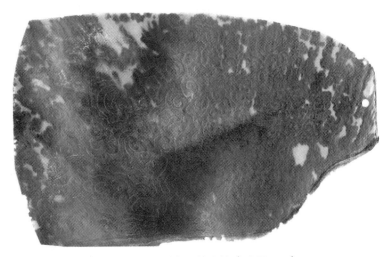

图 7-17 玳瑁典型的结构（彩图 172）

3. 其 他

火烧或热针触探会有烧焦头发的味道。玳瑁会被硝酸腐蚀，但遇盐酸无反应。

二、玳瑁与仿制品的鉴别

1. 与塑料的区别

（1）显微特征：龟甲的色斑是由许多球状颗粒组成的，而塑料的颜色是呈条带状的，色带间有明显的界线，且有起泡和铸模的痕迹。

（2）玳瑁的折射率一般大于塑料，而密度小于塑料。

（3）热针探测：玳瑁具头发烧焦的味道，而塑料具辛辣味。

2. 与牛角的区别

用牛角冒充的假玳瑁，其色泽远不如玳瑁光亮，且没有红黑透明黄夹杂的玳瑁斑，在使用过程中容易出现层层的裂痕。

3. 与压制玳瑁的区别

压制玳瑁是由龟甲碎片或粉末在一定温度压力下黏合而成的，因而缺少流畅的斑纹。且其颜色因加热会变得较深。

附录一　宝石折射率表

宝石名称	折射率（RI）	双折射率（DR）	宝石名称	折射率（RI）	双折射率（DR）
欧泊	1.37 ~ 1.47		天青石	1.619 ~ 1.637	0.018
萤石	1.434±		碧玺	1.624 ~ 1.644	0.020
塑料	1.46 ~ 1.70		硅硼钙石	1.626 ~ 1.670	0.044 ~ 0.046
玻璃	1.47 ~ 1.70		阳起石	1.63±	
方钠石	1.486 ~ 1.658		葡萄石	1.63±	
大理石	1.486 ~ 1.658		赛黄晶	1.630 ~ 1.636	0.006±
珊瑚	1.486 ~ 1.658		磷灰石	1.634 ~ 1.638	0.002 ~ 0.008
天然玻璃	1.49±		红柱石	1.634 ~ 1.643	0.007 ~ 0.013
青金石	1.50±		重晶石	1.636 ~ 1.648	0.012±
硅孔雀石	1.50±		蓝柱石	1.652 ~ 1.671	0.019 ~ 0.020
月光石	1.518 ~ 1.526	0.005 ~ 0.008	硅铍石	1.654 ~ 1.670	0.016±
钠长石玉	1.52 ~ 1.53		橄榄石	1.654 ~ 1.690	0.035 ~ 0.038
天河石	1.522 ~ 1.530	0.008±	孔雀石	1.655 ~ 1.909	
玉髓	1.53±		翡翠	1.66±	
硅化木	1.54±		矽线石	1.659 ~ 1.680	0.015 ~ 0.021
木变石	1.54±		煤精	1.66±	
石英岩	1.54±		辉石	1.660 ~ 1.772	0.008 ~ 0.033
珍珠	1.53 ~ 1.685		锂辉石	1.660 ~ 1.676	0.014 ~ 0.016
青田石	1.53 ~ 1.60		顽火辉石	1.663 ~ 1.673	0.008 ~ 0.011
贝壳	1.530 ~ 1.685		柱晶石	1.667 ~ 1.680	0.012 ~ 0.017
鱼眼石	1.535 ~ 1.537	0.002±	硼铝镁石	1.668 ~ 1.707	0.036 ~ 0.039
日光石	1.537 ~ 1.547	0.007 ~ 0.010	普通辉石	1.670 ~ 1.772	0.018 ~ 0.033
琥珀	1.54±		透辉石	1.675 ~ 1.701	0.024 ~ 0.030
象牙	1.54±		黝帘石	1.691 ~ 1.700	0.008 ~ 0.013
滑石	1.540 ~ 1.590	0.05	石榴石	1.710 ~ 1.940	
堇青石	1.542 ~ 1.551	0.008 ~ 0.012	蓝晶石	1.716 ~ 1.731	0.012 ~ 0.017
石英	1.544 ~ 1.553	0.009	尖晶石	1.718	
龟甲	1.55±		塔菲石	1.719 ~ 1.723	0.004 ~ 0.005

续附录1

宝石名称	折射率（RI）	双折射率（DR）	宝石名称	折射率（RI）	双折射率（DR）
查罗石	1.550～1.559		水钙铝榴石	1.72	
方柱石	1.550～1.564	0.004～0.037	绿帘石	1.729～1.768	0.019～0.045
拉长石	1.559～1.568	0.009±	蔷薇辉石	1.73	
寿山石	1.56		金绿宝石	1.746～1.755	0.008～0.010
鸡血石	"地"1.56 "血">1.81		蓝锥矿	1.757～1.804	0.047±
蛇纹石	1.560～1.570		刚玉	1.762～1.770	0.008～0.010
独山玉	1.560～1.700		锆石	1.810～1.984	0.001～0.059
绿柱石	1.577～1.583	0.005～0.009	人造钇铝榴石	1.833±	
祖母绿	1.577～1.583	0.005～0.009	榍石	1.900～2.034	0.100～0.135
海蓝宝石	1.577～1.583	0.005～0.009	人造钆镓榴石	1.970±	
菱锰矿	1.597～1.817	0.22	锡石	1.997～2.093	0.096～0.098
软玉	1.60～1.61		合成立方氧化锆	2.15±	
绿松石	1.61±		人造钛酸锶	2.409±	
托帕石	1.619～1.627	0.008～0.010	钻石	2.417±	
合成金红石	2.616～2.903	0.287±	合成碳化硅	2.648～2.691	0.043

附录二　宝石密度表

宝石名称	$\rho/g \cdot cm^{-3}$	宝石名称	$\rho/g \cdot cm^{-3}$	宝石名称	$\rho/g \cdot cm^{-3}$
塑料	1.05～1.55	大理石	2.7±	橄榄石	3.34±
琥珀	1.08±	海蓝宝石	2.72±	翡翠	3.33±
龟甲	1.29±	祖母绿	2.72±	黝帘石	3.35±
煤精	1.32±	绿柱石	2.72±	绿帘石	3.40±
珊瑚	1.35～2.65	青金石	2.75±	符山石	3.40±
象牙	1.70～2.00	滑石	2.75±	水钙铝榴石	3.47±
硅孔雀石	2.0～2.4	绿松石	2.76±	硼铝镁石	3.48±
欧泊	2.15±	葡萄石	2.80～2.95	蔷薇辉石	3.50±
方钠石	2.25±	贝壳	2.86±	石榴石	3.50～4.30
玻璃	2.30～4.50	独山玉	2.90±	钻石	3.52±
玻璃陨石	2.36	硅铍石	2.95±	榍石	3.52±
火山玻璃	2.40±	软玉	2.95±	托帕石	3.53±
鱼眼石	2.40±	赛黄晶	3.00±	尖晶石	3.60±
寿山石	2.50～2.70	阳起石	3.00±	菱锰矿	3.60±
硅化木	2.50～2.91	碧玺	3.06±	蓝晶石	3.68±
天河石	2.56±	蓝柱石	3.08±	塔菲石	3.61±
蛇纹石	2.57±	辉石	3.10～3.52	蓝锥矿	3.68±
月光石	2.58±	红柱石	3.17±	金绿宝石	3.73±
玉髓	2.60±	磷灰石	3.18±	锆石	3.90～4.73
钠长石玉	2.60～2.63	萤石	3.18±	孔雀石	3.95±
方柱石	2.60～2.74	锂辉石	3.18±	刚玉	4.00±
鸡血石	2.61±	合成碳硅石	3.22±	合成金红石	4.26±
堇青石	2.61±	普通辉石	3.23～3.52	重晶石	4.5±
珍珠	2.61～2.85	顽火辉石	3.25±	人造钇铝榴石	4.50～4.60
木变石	2.64～2.71	矽线石	3.25±	人造钛酸锶	5.13±
日光石	2.65±	透辉石	3.29±	赤铁矿	5.20±
青田石	2.65～2.90	柱晶石	3.30±	合成立方氧化锆	5.80±
石英	2.66±	拉长石	2.7±	锡石	6.95±
查罗石	2.68±	方解石	2.7±	人造钆镓榴石	7.05±

附录三　宝石摩氏硬度表

宝石名称	H	宝石名称	H	宝石名称	H
青田石	1~1.5	青金石	5~6	橄榄石	6.5~7
塑料	1~3	查罗石	5~6	翡翠	6.5~7
滑石	1~3	绿松石	5~6	锂辉石	6.5~7
硅孔雀石	2~4,6±	阳起石	5~6	硅化木	7
琥珀	2~2.5	辉石	5~6	木变石	7
象牙	2~3	人造钛酸锶	5~6	石英岩	7
龟甲	2~3	赤铁矿	5~6	石英	7
鸡血石	2~3	蔷薇辉石	5.5~6.5	赛黄晶	7
寿山石（田黄）	2~3	钠长石玉	6	水钙铝榴石	7
煤精	2~4	月光石	6~6.5	堇青石	7~7.5
珍珠	2.5~4.5	天河石	6~6.5	红柱石	7~7.5
蛇纹石	2.5~6	日光石	6~6.5	碧玺	7~8
方解石	3	方柱石	6~6.5	硅铍石	7~8
大理石	3	拉长石	6~6.5	石榴石	7~8
珊瑚	3~4	软玉	6~6.5	蓝柱石	7~8
贝壳	3~4	葡萄石	6~6.5	绿柱石	7.5~8
天青石	3~4	独山玉	6~7	祖母绿	7.5~8
重晶石	3~4	柱晶石	6~7	海蓝宝石	7.5~8
菱锰矿	3~5	硼铝镁石	6~7	托帕石	8
孔雀石	3.5~4	符山石	6~7	黝帘石	8
萤石	4	斧石	6~7	尖晶石	8
鱼眼石	4~5	绿帘石	6~7	人造钇铝榴石	8
蓝晶石	4~5,6~7	蓝锥矿	6~7	金绿宝石	8~8.5
磷灰石	5~5.5	人造钆镓榴石	6~7	塔菲石	8~9
榍石	5~5.5	锡石	6~7	合成立方氧化锆	8.5
欧泊	5~6	合成金红石	6~7	刚玉	9
玻璃	5~6	矽线石	6~7.5	合成碳硅石	9.25
方钠石	5~6	锆石	6~7.5	钻石	10
天然玻璃	5~6	玉髓	6.5~7		